Géographie française

Gabriel Garran

Géographie française

Flammarion

ISBN : 978-2-0813-1000-1

À Michel Archimbaud

« Parce que je dis “Je”,
on croit que je suis subjectif. »

Marcel Proust

Rues de Paris

Ma jeune existence est à l'image de mon environnement, celui d'un gamin de cinq-six ans perché sur les hauteurs d'un Paris fait des pavés du siècle précédent, de ruelles aux trajectoires erratiques qui ondulent et tournoient, bifurquent comme des épingles à cheveux. Il y a de quoi emprunter des impasses, escalader des escaliers à pic, aux marches interminables, d'où la vue englobe Paris du haut de la rue Vilin. Je ne me lasse pas de plonger mon regard sur l'infini parisien, jusqu'à frôler le vertige. Je rentre chez moi la main dans celle de mon père. Les maisons n'ont pas plus de deux ou trois étages, la circulation est réduite et les enfants batifolent sur le trottoir, c'est leur aire de jeu naturelle.

Au 68 de la rue de la Mare où nous avons emménagé, mes parents occupent un rez-de-chaussée dans lequel se situe l'atelier de mon père, avec sa machine à tricoter et une armada de bobines. On lui livre de la laine vierge qui s'en retourne tissée, formatée, imprimée. Devant la façade, un jardinet d'herbes rachitiques, un arbuste aux branches maigriottes, le tout limité par quelques grilles rouillées sur le rebord du trottoir. Notre appartement est juste au-dessus, au premier étage. C'est l'habitat du quatuor Gersztenkorn : Petite Jeanne, ma sœur plus blonde que les blés, Myriam, l'âme du foyer, qui soupire et sourit, Pejsach, l'artisan tricoteur indépendant, plus souvent à l'atelier qu'à l'appartement, et moi, le petit Gabriel, qui pour le plaisir descend s'allonger sur les journaux, en attendant un jour de les lire.

La chaussée se rebiffe, n'accepte pas la ligne droite. Toute biscornue, loin d'être étale, la rue de la Mare a des tournants inattendus, on la monte ou on la descend. L'eau irrigue le nom des rues adjacentes. Parmi les affluents, la rue de la Bidassoa, qui s'écoule sinueuse et courbe, la rue des Cascades, qui y descend en toboggan abrupt, imitée par les caniveaux de la rue des Rigoles. Surplombant le tout, le fleuve majeur, la rue des Pyrénées, donne à mon territoire un côté montagnard. Je m'y sens et m'y ébats comme un moineau. Annexé depuis moins d'un siècle, sous Napoléon III, ce quartier libertaire persiste à rester un village enclavé entre deux anciens faubourgs, Ménilmontant-frondeur côté jardin et, côté cour, Belleville-la-rebelle.

Des tramways sur les rails de la rue de la Mare traversent l'espace à toute vitesse. Au premier étage, à hauteur de fenêtre, au contact d'une ligne électrique leurs antennes lancent des feux scintillants. Le soir, elles illuminent brusquement l'intérieur de la pièce. Avec le bruit qui crépite, à chaque fois je tressaille. Il y a des gens là-dedans qui s'allument et s'éteignent. Je suis réticent à l'idée de monter dans ce tramway, je m'en méfie. Pour aller au dispensaire, rue Clavel, j'ai la sensation de me regarder par la fenêtre. Je ne me lasse jamais de cette fenêtre, la curiosité, l'ahurissement de tout ce que je peux y voir me fascinent. Mais ce que j'aime plus que le grouillement, ce sont les toits au-dessus des façades, le miroitement intermittent des ardoises et l'étendue des forêts de cheminées qui n'en finit pas. Parfois, de grands baquets d'eau se déversent d'un orage et ruissellent sur les tuiles. Et bien au-delà, mon regard se perd sur la fluidité des nuages, la métamorphose de leurs formes et les bulbes de brebis qui flottent dans le ciel et le traversent.

Lorsque arrive le froid hivernal, les bougnats sont des rois noirs venus d'Auvergne, aux silhouettes colossales, qui montent les escaliers et portent sur leurs larges épaules des quintaux de charbon, cokes ou boulets. On se chauffe aux Godin, des poêles aux tuyauteries capricieuses et aux vitres en mica où le feu pétille. Il nous faut constamment évacuer la cendre du tiroir qui a tendance à se répandre sur le parquet. S'il est un commerce opulent, c'est bien celui des ligots de bois qui alimentent les foyers et que je porte jusqu'à notre appartement avec mon père. Et puis nous rendent visite ceux qui sont les plus attendus, les plus spectaculaires, on les adore, les petits ramoneurs aux visages de lutins, en costumes savoyards, en varappe sur les toits, décrassant l'intérieur des cheminées de leur suie et leurs déchets calcinés.

C'est encore un Paris qui ne ressemble pas au reste de la capitale, artisanal, archaïque et fantasmagorique, des années 1933 à 1935. Les derniers chevaux sillonnent encore les rues, secouant leur encolure, tractant des chariots en abandonnant leur crottin sur la voie publique. Le bestiaire parisien compte aussi des chèvres qui trottinent au son de la flûte de leur chevrier, offrant lait et fromage aux passants. Des rémouleurs ambulants peaufinent, aiguisent de leurs meules des couteaux et ciseaux. « Vitrier ! vitrier ! » C'est comme un appel que tout le monde attend. D'une voix qui grimpe les étages, vitres sur le dos, ils lancent leurs cris qui résonnent là où il faut remplacer les carreaux cassés à coups de découpe et de mastic.

C'est un Paris de camelots aux dons de prestidigitateurs et de bonimenteurs qui vendent de tout et n'importe quoi : des peignes, des stylos, des bracelets, des yo-yo, des cravates, des bigoudis, des jumelles, des poissons rouges ou du sirop virilisant. J'ai souvenir, au plus lointain, rue de la Mare ou plus tard rue François-Miron, dans le Marais, d'une fidèle colporteuse aux formes rebondies, affiliée sans doute à une filature du Nord, frappant à notre porte deux fois par an et fournissant ma mère en taies d'oreiller, draps, torchons, nappes, mouchoirs ou rideaux.

Réceptif et innocent, je vis de sensations éparpillées, tout m'est neuf et j'emmagasine ma propre collection de curiosités. Le comble de mon plaisir, ce sont les chanteurs de rue aux carrefours où s'agglutinent des badauds qui ont soif de rêve, reprenant en chœur les chansons, aidés de partitions qu'ils achètent. Ma mère en est avide et nous repartons en chantonnant *Le plus beau de tous les tangos du monde* de Vincent Scotto, ou « Marylou/Marylou/Souviens-toi du premier rendez-vous ». L'empereur corse, Tino Rossi, triomphe avec « Marinella !/Ah !/Reste encore dans mes bras ». Il s'incruste dans toutes les oreilles. Mais la chanson souveraine et le thème de la mélodie qui bouleversent le plus ma mère viennent des vocalises de Joséphine Baker. Combien de fois l'ai-je entendue chanter et reprendre les paroles sans jamais s'en lasser : « J'ai deux amours/mon pays/et Paris », qui pour elle avaient tant de signification, la savane et le ghetto se mélangeant dans ses veines.

Les chansons précèdent l'écriture. Deux tiers de siècle après, en l'écrivant, je fredonne encore *Parlez-moi d'amour*, me souvenant de sa lancinance : « Votre beau discours / Je ne suis pas las de l'entendre… » Ma première prérogative enfantine, ma fierté aura été de mettre précautionneusement des piécettes de monnaie dans du papier journal et de les lancer par la fenêtre à une chanteuse dans la cour intérieure. Pour me remercier, reprenant son accordéon, levant son visage, elle me gratifiait de la chanson la plus nostalgique du monde, *Le chaland qui passe*, de Lys Gauty. Déjà j'aimais la mélancolie.

Mon Paris d'enfance est réduit à quelques trottoirs, j'en déchiffre les boutiques là où, derrière les vitrines, on propose le pain, le journal, la viande chevaline, des carpes vivantes, des dragées ou du dentifrice. J'aspire aux bilboquets et aux barbes à papa. Je teste sans le savoir les appâts de l'offre et de la demande et assiste à une dispute de mes parents autour d'un billet égaré de la Loterie nationale qui vient de naître. Ce petit territoire, si vaste à mes yeux, ses refrains, ses rires, ses chansons ont été mon école maternelle. Rue de

Ménilmontant on vend des fleurs avec des clochettes blanches qui portent bonheur, c'est le temps du muguet. Je reçois pour cadeau une toupie musicale endiablée, c'est mon anniversaire, c'est aussi celui de ma sœur et de ma mère à qui nous offrons une écharpe blanche. Nous sommes tous du mois de mai. Ma mère vient d'avoir trente ans.

Myriam Katz était née en Russie, quatre années après le début du XXe siècle, sous le règne du tsar Nicolas, la Pologne étant absorbée par son grand voisin de l'Est. Native de Lodz, la grande métropole du textile, elle se souvenait que son père, qui était chantre, ne l'avait jamais embrassée, que sa mère, épuisée par douze naissances, dormait les yeux ouverts, que ça l'effrayait, qu'à certains repas il n'y avait que du pain azyme et un morceau de sucre. Dernière d'une ribambelle de frères et sœurs, elle avait passé son enfance dans une cité nommée Otwock avant de migrer à Varsovie. À seize ans elle lisait Dostoïevski en russe, mais il lui était impossible de suivre des études. Elle en a souffert.

Venir vivre à Paris avait changé son existence, l'avait épanouie. Un moment hésitante, après trois ans de séparation, à l'idée de rejoindre mon futur père, elle avait tenu à rester chaste auprès de lui, puis s'était aperçue que sa passion était toujours vivace. Je l'ai appris de ses lèvres d'octogénaire, avant qu'elle ne disparaisse, que j'étais un enfant de l'amour – et il en reste toujours une trace. J'ai été conçu un début de mois d'août éclaboussé de soleil, à l'hôtel de la Glacière, à l'angle du boulevard Auguste-Blanqui.

Et puis ses quatre sœurs aînées ont pris à leur tour, une à une, le train de Varsovie, ont trouvé ici maris et compagnons. Elles se sont toutes installées en voisines, au plus proche de ma mère, rue des Couronnes, rue des Envierges, rue Henri-Chevreau et rue Piat. Chapelier, magasinier, ébéniste, maroquinier : ces familles travaillaient de leurs mains, ivres de ce parfum parisien qui s'appelle plaisir de vivre. Après la guerre, il n'en restera que des veuves.

L'enfant écrasé

La fille de la blanchisseuse était devenue mon amie, à nous deux nous n'avions pas douze ans. Éliane, les yeux pimpants de curiosité, jouait à la corde à sauter ou à son éternelle marelle devant la boutique de ses parents, rigolote et sérieuse à la fois. Je l'apercevais de mon premier étage, on s'échangeait des grimaces et il nous arrivait de partager le goûter de quatre heures. Ce qui nous séparait était toujours l'interdit, la chaussée, et nous étions évidemment accoutumés à ne pas la traverser. Ce jour-là, un soleil de septembre rendait luisantes toutes les façades. Elle sortit en dansottant de la blanchisserie, et la voyant craie à la main tendue vers moi je voulus franchir l'abîme de ce fleuve de pavés, la rejoindre enfin sur le trottoir d'en face où elle avait redessiné sa marelle.

Le temps de m'élancer sur la chaussée pour notre jeu commun, une voiture dévalait la pente à pic de la rue de la Mare. Venue de l'univers des adultes et sans que je remarque son arrivée, elle me heurta, roula sur mon corps, freina et s'immobilisa au-dessus de moi. Avant que le monde cessât d'être, avant le noir complet, je vécus un étrange arrêt sur image, le temps d'apercevoir ma mère écossant des haricots verts, assise sur l'une des marches du petit escalier de mon immeuble donnant sur la rue, dans l'éclairage doux et ensoleillé d'une fin de matinée. Comme si tout ce qui avait pu me rendre heureux s'arrêtait là.

Je ne sais si Belleville, mon quartier, retenait son souffle, et si le mien continuait. J'étais sous les quatre roues d'une voiture. Il y eut un brouhaha autour de la carrosserie, je n'entendais plus rien, coupé du monde, déjà je n'étais plus là. Tout cessait et pourtant on m'extirpa. Comment ? Je ne peux le savoir, je ne le saurai jamais. Je gisais. Des passants, des voisins, des inconnus s'agglutinaient en ruche autour du véhicule pour tenter de me dégager, le reculant au ralenti, centimètre par centimètre. Ils finirent par faire apparaître mon corps enfantin immobile, étendu entre les essieux. Le conducteur, un boulanger de la rue Henri-Chevreau, sortant de la voiture, agité, rougeaud et larmoyant s'est subitement tu, entouré de la foule stupéfaite, retenant sa respiration de me voir encore les yeux grands ouverts.

Sur les pavés bosselés comme une peau malade, une autre silhouette en tablier s'était penchée, m'avait saisi. C'était mon père qui me soulevait, me happait dans ses bras, tentant de savoir si oui ou non je respirais, et, me serrant contre son cœur, se mit à courir comme un possédé vers la pharmacie au bas de la rue de la Mare. Les haricots verts s'étaient répandus sur la chaussée, toutes les fenêtres étaient ouvertes, ma mère courait derrière mon père, le boulanger trébuchant à chaque pas s'essoufflait en les suivant.

Soudain réveillé par l'air de la galopade, mes oreilles vrillant, un filet de sang sur le visage, empestant la suie et l'essence, investi de je ne sais quelle certitude, je me suis mis à hurler sur le parcours, avec toute la véhémence enfantine possible extraite de mes poumons : « Je ne veux pas aller au cimetière ! Non, je ne veux pas aller au cimetière ! » Où avais-je donc cueilli, mémorisé cette expression funéraire, « aller au cimetière », qui m'emplissait de terreur, comme le débarras ultime de soi ? Je l'ignore.

Ce que je sais ensuite, c'est le silence de l'hôpital, une léthargie interminable, la seringue antitétanique, des ombres blanches, des visages mal discernables, le sentiment diffus qu'on faisait semblant de croire que j'étais encore en vie. Et au bout de cette commotion, la visite de notre médecin de famille, penché au-dessus de mon lit, ma main le giflant d'un réflexe inattendu, un flot de larmes sur mes joues, et le retour rue de la Mare après huit jours d'une parole éteinte par le traumatisme du choc.

Peut-être ai-je ainsi fui ma peur et assumé par cette réaction que j'étais réellement encore de ce monde. En témoignage de ma survie inespérée, ma mère a gardé longtemps dans un tiroir ma chemise ensanglantée, la sortant parfois comme une relique miracle. Prémonition inconsciente aussi que mon destin persisterait à être celui d'un éternel rescapé.

Fugue

L'interdiction était précise : ne jamais traverser la rue, demeurer sur le trottoir, ne pas s'éloigner de la façade de l'atelier de tricot. Il n'empêche, je louchais toujours sur celle d'en face. Sur l'autre rive tentatrice, la blanchisserie, et devant la vitrine, menue et dansante, Éliane. Désobéissant, j'ai fini par atteindre la petite chorégraphe, et, bien plus que la toupie musicale et le lancer du ballon, la marelle est devenue notre passe-temps favori. La Terre, l'Enfer et le Paradis étaient comme des défis cabalistiques vécus en commun, dont l'enjeu secret était de savoir qui de nous deux irait au Ciel en premier. Et surtout lequel finirait en Enfer.

Éliane, toute bouclée et blonde, a été ma première fugue. Ensemble nous sommes partis à la quête de l'inconnu en suivant le bitume, découvrant des vitrines de boutiques singulières qui étaient autant de cavernes d'Ali-Baba. Précautionneux, nous tenant la main en nous hasardant à travers la chaussée, nous étions guidés par une étoile en plein jour jusqu'à nous retrouver juste au-dessus de la gare de Ménilmontant. Nous surplombions cette découverte du haut d'un parapet, les yeux grands ouverts sur le tableau impressionnant et parallèle des rails métalliques. La suite s'est vite transformée en incitation irrésistible. En dévalant les marches, saisi d'une fulgurance, je convaincs Éliane que la seule, l'unique façon d'arriver à la mer, c'est précisément de continuer à suivre les rails à pied.

En quête de notre premier grand voyage, nous tombons d'accord. Marmots conquérants, nous voilà sur les quais, dans l'attente fiévreuse de voir enfin de près une vraie locomotive. Conduire un train, il est clair que c'est aussi important qu'être général. Enfants de poche devenus objets de curiosité, en longeant le remblai nous avons été bien entendu assez vite repérés. Et le voyage brisé. Les deux familles, blanchisseuse et tricoteur, ne sachant où nous étions, survinrent affolées et, sans explications, nous ramenèrent prestement à la maison.

Ce besoin d'espace, je l'assouvis au Far West, c'est-à-dire aux Buttes-Chaumont. Ce parc public n'a peut-être pas le prestige du Luxembourg ni celui des Tuileries, mais sa vérité d'implantation, sa fantaisie et sa bohème suscitent des velléités d'exploration. J'ai une fascination particulière pour le Belvédère, qui à mes yeux n'est pas loin d'être le plus haut du monde. Avec sa montée escarpée, labyrinthique, nos ennemis ne pourront jamais y parvenir. Il faut savoir se glisser dans les trouées, les ouvertures secrètes. Les Buttes-Chaumont, ce sont les montagnes Rocheuses de Paris. Le dimanche : pique-nique. Les enfants trônent entre les herbes, une guêpe nous fait vite frémir, images à la Jean Renoir d'une partie de campagne, et soudain il pleut, on remet les chaussures, c'est la course, les femmes jupes serrées, les bébés sous les vareuses.

Ce grand parc aux chemins sinueux est le gazon rêvé pour dégourdir nos jambes et nous remplir d'oxygène ; pour nous, c'est la campagne. L'herbe y est fraîche, un ballon et une corde à sauter suffisent à notre plaisir, un cerf-volant pour nous envoler. Cousine Sarah, la tignasse noire, le double de mon âge, m'y emmène en même temps que ses devoirs. Elle est étonnante quand elle raconte ses histoires : Jeanne d'Arc brûlée par un cochon ou Cendrillon princesse grâce à une chaussure en verre. Je n'y comprends rien, je l'écoute, les oreilles ébahies. Après c'est le manège, une toile se referme sur nous, dans le noir j'ai peur, elle me chatouille, alors je ris. Dans notre succession de vies en dents de scie, ce qui résiste le plus en nous est l'enfance, ce noyau dur et si doux à la fois, laissant en pointillé sa griffe et ses péripéties. Comme un point d'orgue.

Ce jour-là, dans une allée ombragée et à l'écart, mon père m'emmène dans un recoin tranquille de ces Buttes-Chaumont. Nous nous asseyons tous deux sur les chaises verdâtres et trouées des squares de Paris, il installe un pliant entre nos sièges, déploie une toile usagée dont les rayures font penser à un damier, ouvre les nœuds d'un sac ocre et fait choir un amas de pièces disparates. Il me les présente une par une, me confie leur nom que je dois répéter, en cache une dans chacune de ses mains et me demande de choisir. C'est un pion noir. Ce rituel de l'échiquier m'est resté à jamais, comme une césure entre ma petite enfance et ce qui allait en advenir.

Pour commencer, avec mes seize pions, j'imite sa mise en place méthodique. Je suis à l'école symbolique de la division du monde en deux. Il m'explique avec précision les itinéraires de chacune des pièces, me les répète lorsque je me trompe, corrige mes embarras. J'intègre la géométrie diagonale du Fou, le parcours syncopé des cabrioles du Cavalier, la trajectoire inéluctable en ligne droite de la Tour, la domination féminine des enjambées de la Reine et la rangée sacrificielle des Pions. Et l'objectif du jeu, le coup d'État : abattre le Monarque blanc ou le Roi noir. L'initiation à une partie d'échecs a quelque chose d'excitant et d'incompréhensible, comme une école de la complexité, les virtualités mises en mouvement. À ce moment-là je ne suis pas en mesure de me faire ces réflexions, mais depuis j'ai gardé à vif ce sport de l'esprit, cette partition aléatoire que mon père tentait de me transmettre, avec les mêmes gestes, les doigts au-dessus des pièces. Ce rite ressemblait à une passation, pour décrypter l'imprévisible.

Sa destinée a été tragique. Nous avons eu peu de tête-à-tête et, les circonstances étant ce qu'elles sont, j'ai complètement intériorisé mon rapport au père. Mais souvent, lorsque je prends la plume, c'est cet homme taciturne et réfléchi qui me tient la main, écrit à travers moi, refusant ainsi de disparaître. C'est l'une de ces souffrances feutrées qui semblent dormir et me rappellent sans cesse ce repère arraché sans laisser de faire-part.

Papa, ce jour-là, tu as sorti une petite bouteille de vin-framboise et, humectant nos lèvres au goulot : « Nous allons faire notre première partie. » Face au professeur paternel, je m'accroche au mode d'emploi, je découvre le pouvoir de concentration de ce jeu, le silence qui s'avère indispensable, l'anticipation de la meilleure tactique. Évidemment, contre toute logique, j'ai gagné. Échec et mat, le papa de Gabriel ! J'arrive triomphal à la maison. On est naïf à sept ans. Depuis, je n'ai plus jamais réussi à le battre.

L'enfant invisible

Nous avons tant de mal à nous habituer au temps qui passe. Je suis devant mes toutes premières photographies, aux avant-scènes de ma vie. Je les contemple, dormant dans mon album familial, et les réveille subitement. Ces visages me scrutent. Ce qui me retient le plus dans ce dialogue impossible, c'est d'abord le portrait primitif d'un poupon cherchant son équilibre en se tenant à une chaise, avec quelque chose d'imperceptible, cet œil étonné d'être pris pour cible. Il ne sait pas encore s'il est objet ou sujet. Ce qui est superbe en lui, en ce tout jeune gamin, c'est l'incertain.

L'enfant, cette fois, est civilisé. Il a une chemise blanche, une culotte sombre maintenue par des bretelles, une touffe châtain, une raie divisant en deux cette chevelure qui couvre un front où deux yeux bruns et vifs s'éclairent et s'attardent sur tout. Il ne sourit pas, mais n'en est pas loin, il a quelque chose de très ouvert, mais ne se livre pas. Je contemple cette seconde photographie, me demandant quel rapport lointain et continu j'ai avec lui, au sens où la distance est implacable. Je ne m'y reconnais pas. À l'échelle du temps, je suis de loin son cadet. Au moment où je le regarde, ce bambin de jadis a franchi plus d'un demi-siècle. Je me mets à sa place, il fuirait en me voyant. La photo suivante est plus égotique, plus indépendante, c'est l'une des premières attitudes publiques de cet enfant : il marche devant une poussette vide conduite par son père. Le petit garçon semble répugner à s'y asseoir, n'aimant sans doute ni être assisté ni se sentir roitelet infantilisé.

Je suis seul désormais à conserver ces reliques, qui tous les sept ou huit ans finissent par repasser devant mes yeux, trois images archaïques et successives d'un gamin qui commence à grandir. Je ne peux pas lui transmettre ce qu'il deviendra. Heureusement ! Dans la contemplation fugitive de ces trois reproductions de Gabriel au début de sa vie, c'est cet enfant qui m'incite au procès du temps qui passe et de ce que j'en ai fait. De toutes les myriades de cellules dont il disposait, je crois que je n'en ai plus aucune. Pourtant nous sommes censés être le même en deux siècles différents. Ce manque de logique entre le temps et la réalité me trouble.

À six ans, personne ne vous prend au sérieux. L'impression d'exister est imprécise. C'est à ce gamin bien antérieur à celui que je suis que je devrais donner la parole, tant il est porteur d'expériences à venir et d'espérances improbables. Juché sur les épaules de son père, tout en haut des marches de l'escalier de la rue Levert, il est amené comme un jeune prince au cinéma Le Floréal, à l'angle de la rue des Pyrénées. C'est une vraie sortie entre hommes. Sa mère est restée garder sa toute jeune sœur. Il est maintenant assis tout droit sur un fauteuil qui tend constamment à se replier sur lui. Il vient d'entrer, pour la toute première fois, dans le monde des images vivantes.

Son premier film demeurera inoubliable, c'est *Le Retour de l'Homme invisible*. Regarder pendant plus d'une heure un homme qu'on ne voit pas est un exercice déroutant. C'est l'empire de l'inattendu : les proportions changent tout le temps, il faut déceler le vrai du faux, ne pas se fier aux apparences. Confusément, Gabriel assimile le cinématographe à une rencontre avec des fantômes. Cramponné à son siège, il est tellement impressionné que la nuit suivante il ne trouve pas le sommeil. Avec son drap, il tente de s'envelopper des mêmes bandelettes que le personnage du film : qui sait, peut-être qu'ainsi il n'y aura plus personne dedans ?

Il invente des jeux où il est invisible, il aimerait que ses mains traversent son propre corps. Ce n'est qu'un jeu aux yeux des autres et pour le satisfaire chacun s'engage à lui donner raison et considérer qu'on ne le voit plus. Il multiplie toutes les possibilités qu'il peut en tirer. C'est à qui le cherche sans le voir et s'enquiert même de lui. À son tour, il se cherche également, on le voit s'effacer. Si on lui demande s'il a vu Gaby, il répond sans hésiter que non, il ne l'a pas vu. Puis ce sont les autres qui deviennent invisibles, il les sélectionne. Sa mère met le holà à ce nouvel appétit : « Quelqu'un qui n'est pas là, on ne peut pas lui préparer un repas ! »

Il capitule provisoirement. Il finit d'ailleurs par être seul à table, puisque chacun sort avec son assiette, à commencer par Myriam qui entre un instant dans le jeu. Il en est ravi, et son père perplexe. Il prend ainsi sa tante Esther et son oncle Marcel par le coude et leur demande s'ils sont certains d'être arrivés... L'enfant se persuade que nous sommes entourés de non-visibles. Il invente un dialogue avec l'un d'eux et répond à sa place.

Il a un problème avec le miroir, celui de la grande armoire, il n'est pas normal qu'un invisible puisse s'y refléter, il doit prouver qu'il n'existe pas et, devant Jeanne, sa petite sœur pas très rassurée, vide les étagères, en extrait les tiroirs. Triomphant, assuré que son image disparaîtra, il se campe à nouveau devant. Furieux d'y voir sa silhouette, il veut détruire son image et réussit à s'éliminer avec l'un des tiroirs en brisant la glace. Ce n'est qu'alors que, épuisé, il savoure son triomphe. Ce n'est pas du tout du goût de son père, qui accourt : il lui inflige une punition mais ne lève pas la main sur lui – et ne le fera d'ailleurs jamais. Il l'emmène de force dans l'atelier, colmate son petit bonhomme de fils avec un bandeau et lui ordonne de rester invisible pendant une heure.

L'ÉCOLIER DE LA RUE LEVERT

Pour qui connaît le haut du XXe arrondissement, la rue Levert abrite une école de garçons, laïque et obligatoire. Devant sa façade, un escalier raide et pentu de trente-cinq marches dont la rampe descend en à-pic de la rue des Pyrénées, où l'on joue à faire de la luge sur les fesses. Cette école me fut une jubilation et je crois encore aujourd'hui que ce fut mon premier bonheur. J'étais singulier, me voici pluriel parmi toute une génération d'enfants. Cette école primaire, mais fédératrice, me remet comme à chacun une blouse noire, principe d'égalité, et je rapporte chaque soir ma provende de mots et le fruit de mes leçons à la table familiale. Ce que l'école me donne ensemence indirectement les lèvres et le langage de mes parents nés en Pologne.

Cahiers, porte-plume, encrier, crayons de couleur, règle, compas, gomme, buvards créent un lien de dépendance et j'ai une dévotion particulière pour mon plumier et la façon de le remplir. Mon cartable est la besace précieuse du savoir. J'ai une nette attirance pour les livres d'histoire et de géographie : les portraits et les territoires me fascinent. Les dates et les frontières, tout cela me donne le tournis d'une possession aux limites inconnues. J'écoute l'instituteur et j'aspire à tout noter, j'ai un tel rapport scrupuleux avec mon pupitre d'écolier que, penché sur l'établi, mes mains et même ma figure se parsèment d'encre. Inconsciemment, j'écrirais bien sur mon visage. L'orthographe est curieusement ce qui m'est le moins difficile malgré la foule des exceptions qui échappent à la règle. Le plus incommode est la presque impossibilité que j'ai d'apprendre les leçons par cœur.

À l'époque, on ne disait pas « Éducation nationale », mais « Instruction publique », ce qui résonne comme un devoir de passation, de remise d'un legs collectif. L'*Insti-tuteur* – bien lire ce mot –, debout dans son halo, nous transmettait le viatique du calcul élémentaire et du passé simple, de l'existence de l'Autriche et d'un continent américain, nous apprenait qu'il y avait eu des Vikings et que nous descendions des singes et pas seulement des arbres, qu'il fallait écrire « seau » et pas « sot », que Paris valait bien une messe et que nous respirions de l'oxygène. Les molécules, les éléphants, Henri IV, les départements et l'Himalaya sont entrés dans ma vie. Timide et distrait, j'étais le plus petit de la classe – à mon grand désespoir. Et parfois on ricanait sur mon nom, ça me pinçait le cœur, mais l'école ça apprend à exister, à se défendre, c'est un excitant, et la cour de récréation offrait un ring permanent. J'adorais aussi, pendant les pauses journalières, le moment magique où toute la classe s'envolait comme une nuée d'oiseaux en envahissant la cour de récréation, hurlant ou imitant les avions.

Au début de ma scolarité, ma mère me conduisait jusqu'à la porte de l'école des garçons. Elle ne s'était pas remise de l'accident de voiture qui avait failli me coûter la vie. Pourtant, il n'y avait aucune rue à traverser, même le tournant de la rue de la Mare s'incurvait pour frôler la porte cochère de l'école. Je regimbe, on ne devient grand que par l'autonomie et, marque virile d'un gamin qui va avoir sept ans, je ne veux plus que ma mère m'accompagne. Mon père arbitre et me donne raison, il est vrai qu'il commence à collectionner les « témoignages de satisfaction », annexes à mon carnet de notes, qu'avec constance je rapporte chaque mois.

Un jour je reviens en pleurant. Que se passe-t-il ? Je me plains que j'ai été frappé par Victor Flacser, un garçon qui vit près de chez nous. Il me reproche de marcher plus vite que lui. Mes parents s'exclament – Victor est assez chétif et il boite –, m'exhortent à rendre coup pour coup, et je réponds : « Je peux pas, je suis plus fort que lui. »

Ma cousine Sarah, qui n'est pas ma cousine mais la fille de la meilleure amie de ma mère, est brillante et parle comme un livre. Bien plus âgée que moi, elle a treize ans. Je veux qu'elle m'explique le sens du mot « République ». Elle jette un œil sur mes devoirs, me dit que c'est une station de métro, que tout le monde doit être pareil et libre et qu'il n'y a plus de tyrannie, mais quand je répète ce qu'elle dit, je ne comprends plus, surtout quand elle ajoute qu'on ne peut pas vivre sans se conjuguer. Elle éclate de rire et me décoiffe.

Les radios commencent à coloniser les foyers. C'est un jour exceptionnel quand, installé face à la table, nous apportant le bourdonnement sonore du monde, un poste Marconi ovoïde de teinte marron se met à grésiller. Dès que j'entends le nouveau chancelier allemand hurler, je comprends que je peux avoir un public. Je l'imite avec succès derrière un drap d'où surgit ma tête, sous le nez une moustachette dessinée à l'aide d'un demi-bouchon noirci. Forçant ma voix dans l'aigu, je singe son hystérie vocale, ses vociférations, son « *heil* » et le pas de l'oie sous les rires de la petite communauté de la famille et des voisins. Je mets également Mussolini à mon programme. Son tic du menton relevé et du calot avec un pompon qui tombe devant les yeux font beaucoup rire. Mais cela ne dure qu'un moment, les personnages s'avérant plus inquiétants que drôles.

Les cours de récréation distillent leur propre enseignement, il faut que je m'habitue à la déférence avec les plus grands, mais j'ai plutôt tendance à m'isoler. Il y a des transactions, des partages, des rapines autour des livres, des goûters, des illustrés, il faut protéger son cartable, ses vêtements – le jour où je reviens sans béret, ce n'est pas de ma faute. On trouve de tout : ceux qui veulent à tout prix être au fond de la classe, ceux qui font le singe derrière le maître et en désignent un autre, souvent moi ! Et puis ceux qui usent de la force, ceux qui cherchent des poux aux autres, ceux qui en réponse élaborent des alliances ou font appel à leurs grands frères, ceux qui parviennent à négocier une aide pour des leçons de calcul ou font circuler de petits mots pour leurs sœurs qui sont dans l'école des filles d'à côté. Des jeux et des affinités apparaissent, la cour de récréation est un vaste forum et finalement, même à mes dépens, une école sociale. En dehors de ma famille, j'ai désormais une seconde vie.

Les deux lunes

Nous sommes comme des chats. Ce sont les lieux qui nous importent. Lien constant entre l'habitat et l'identité, provisoires ou non, ils sont notre ancrage. Chaque quartier est comme un navire amarré à Paris, avec ses voyages dans le temps, son architecture, sa population. Selon l'humeur, il arrive que ça tangue, et surtout que ça résiste à l'uniformité. Je commençais à fréquenter tous les jeudis le patronage de La Bellevilloise, ça me changeait de l'école des garçons, c'était mixte, ce qui me plaisait secrètement, surtout quand je contemplais Rosalie et ses fossettes. Subitement j'en suis retiré : nous déménageons !

Je suis tellement habitué à la rue de la Mare que la nostalgie me grignote. Je pars avec l'héritage de Belleville. Il y demeure encore quelque chose de rural, d'un esprit à contre-courant. Autant les immeubles du boulevard Haussmann sont figés une fois pour toutes, autant, sous ses réverbères, Ménilmontant s'évertue à préserver son côté libertaire du XIXe siècle. Autrement dit, chaque quartier a sa façon de vivre et de recevoir qui est son manteau culturel. Déménager, c'est s'exiler. Que deviendrai-je en quittant cette racine où je vis le jour il y a huit ans, que restera-t-il de son empreinte ? Certainement Belleville, plus que je ne l'imagine. C'est comme si j'arrachais un pavé de la rue de mon enfance. Salut mon école de la rue Levert, adieu les trottoirs, adieu la blanchisserie, au revoir Victor Flacser, Éliane et la cousine Sarah.

Nous voilà dépaysés dans un nouvel immeuble, moche comme tout ce qu'on n'aime pas, transplantés pour un moment qui sera bref dans un lieu où se rejoignent sans grâce le boulevard Magenta et le faubourg Saint-Martin, au numéro 99 de celui-ci. Je trouve ce coin complètement ennuyeux, accroché à deux grandes gares, le Nord et l'Est. Ce n'est pas un quartier, c'est une boussole. C'est quelconque et anonyme, et l'appartement avec ses papiers peints gris poivre donne envie d'éternuer – un cinquième et dernier étage qu'il faut descendre et, hélas, monter à pied. J'ai quand même mon lit, un petit bureau et une lucarne ronde. Trois mètres sur deux, j'ai de la chance, je peux m'allonger…

En fait, mon père n'y arrive plus. Des moteurs électriques sont apparus dans le circuit de la bonneterie, ils relaient l'effort manuel qui en devient primitif. S'il ne s'adapte pas, il risque de se retrouver au chômage. Le projet de s'associer à son beau-frère Joseph prend corps. Tous les deux empruntent. Il s'agit de se rapprocher d'un local envisagé près de la porte Saint-Martin. Je suis un peu perdu par ce changement de cadre, je n'y trouve pas ma place, je ne peux que subir.

Je commence à ressembler à la grisaille de mes papiers peints, et dans mes rêveries j'attends un miracle.

Le miracle a eu lieu un vendredi soir. Les yeux écarquillés à travers ma lucarne toute ronde, ouverte sous le toit, j'ai eu un éblouissement en voyant deux lunes resplendir en même temps, en plein firmament. J'ai eu ce privilège, que par conviction, têtu et sincère, je maintiens contre tous : je les ai vues de mes yeux qui ne sauraient mentir. Proches toutes deux, elles me sont apparues véridiquement, visuellement, fériquement. J'ai perçu ce prodige, avoir droit à deux cercles lunaires, deux satellites à moi seul, comme un signe. Cette vision est une certitude qui m'obnubile. Et serais-je le seul sur terre, que personne ne m'ait cru ou ne me croie, je n'en démordrai pas, jusqu'à ma mort.

Je ne sais plus si c'est le 14 juillet ou pas, je regarde un atlas pour savoir où se trouve la Rhénanie, récupérée et militarisée par le chancelier Adolf Hitler. Où diable se trouve l'Éthiopie ? On me dit que c'est l'Abyssinie, je n'y comprends goutte. Addis-Abeba, ça donne à rêver. J'entends soudain une rumeur qui monte, qui enfle, devient étourdissante, une houle orchestrée de voix grondeuses. Mes parents ne sont pas là. Je me hisse tant bien que mal sur un tabouret pour mieux découvrir par la lucarne une foule immense. Heurt des pavés sous des milliers de pas, des banderoles que je ne peux pas lire, des drapeaux et fanions rouges, d'autres tricolores, quelques-uns noirs, je n'en ai jamais tant vu, j'en suis abasourdi. Autant de gens ensemble, parfois avec des poings levés ils reprennent des mots en saccades, et surtout ils chantent, rejoints par des groupes qui surgissent de la gare de l'Est, de celle du Nord et des rues adjacentes du boulevard Magenta, par les rues de Dunkerque, Maubeuge, Lafayette et celles qui viennent de Barbès. La rue des Vinaigriers est obstruée. C'est un défilé de bannières qui coulent comme un fleuve qu'on ne peut plus arrêter et se dirige vers la place de la République. Et bien au-delà, le Génie de la Bastille. Je finis par distinguer ce qu'ils chantent : « C'est la lutte finale/ Nous ne sommes rien, soyons tout ! »

Je manque de tomber du tabouret. Plus la manifestation s'écoule, plus elle donne la sensation d'augmenter. « Debout ! Les damnés de la terre ! » Les murs même de ma chambre s'imprègnent de l'ombre collective de ces hommes et de ces femmes qui défilent. C'est la première fois que j'entends *L'Internationale*. Je suppose que cela a un rapport avec les grandes grèves, avec des élections et des émeutes. Je perçois que l'Allemagne tracasse mon père, des mots s'invitent à table, *Front populaire*, *cagoules*, *croix de feu*, *pogrom*. Je pressens confusément que, dans cette histoire effervescente pour adultes, je n'échapperai pas à l'histoire de tous. Mais j'ai de sérieux problèmes de santé, ma tête bourdonne, j'ai mal tout autour de l'oreille gauche, harcèlement, martellement incessant, je ne sais plus à quoi me raccrocher, j'entends d'autres mots, « otite », « mastoïde »… je ne sais qui cogne à mes tympans, on me transporte à l'hôpital.

Grenier-sur-l'Eau

Les fleuves n'inversent jamais leur courant, l'eau parfois stagne puis s'écoule, c'est toujours de l'eau, mais ce n'est jamais la même. La mémoire est de nature comparable. Ainsi, nous changeons encore de décor et d'espace de vie, et ce qu'elle retient, c'est cette rue parisienne aux façades bosselées du XVIIe siècle, entre la Seine et le Marais, à quelques pas de l'hôtel de ville. François Miron, qui est le nom de notre rue, est sûrement un personnage de cette époque. La porte de notre nouveau domicile nous sera un jour interdite. Pour le moment, c'est un gosse de neuf ans excité et sa famille qui découvrent ce lieu. Un appartement, ça s'apprivoise. Il est assez spacieux et son calme nous surprend agréablement, avec ses trois fenêtres qui donnent sur une cour intérieure. Pour recevoir l'eau il y a un robinet à chaque étage, et les toilettes près de notre palier. Le quatrième étage nous offre un joli brin d'horizon. J'ai la sensation immédiate d'avoir un véritable *chez-nous*.

L'Église, la Police, la Municipalité imprègnent la naissance de ma rue. Saint-Gervais y patronne une église haute, austère et monumentale, je ne me sens pas le droit d'y entrer, même si j'éprouve une sorte de respect. C'est à ses pieds que s'ébauche la rue François-Miron. Juste en face, elle s'incline devant un commissariat de police, puis côtoie l'une des façades de la mairie. Il suffit d'en longer cent mètres et de croiser la rue du Pont-Saint-Louis pour accéder à notre numéro, le 17. À gauche de notre porte cochère, deux bâtisses bâtardes, style colombier, qui doivent avoir plus de deux siècles, jouent à la tour de Pise. Une gargote aux cornets de frites répand son odeur alléchante à l'arrête de la rue Cloche-Perce, la plus petite des ruelles de Paris. Puis, jouxtant notre immeuble, une vieille librairie, où sans vergogne, genoux croisés au sol, je parcours sans les acheter *Hourrah*, *Junior* ou *Robinson*. Je me délecte chaque semaine du magicien Mandrake, de la bande dessinée *Pim-Pam-Poum* et des péripéties en forêt vierge de Jane et Tarzan.

À droite de notre porte cochère vert foncé, ma rue continue et passe devant un marchand de quatre-saisons, prend son petit café dans un troquet à trois sous, croque les croissants et les mokas de la boulangerie Prévost, musarde comme une rivière de macadam devant une pharmacie appétissante. Suzeraine accompagnée de ses quatre affluents, Titon, Geoffroy-l'Asnier, Jouy, Fourcy, la rue François-Miron se confond, semblable à un delta, avec la rue Saint-Antoine, entre le métro Saint-Paul et le lycée impérial Charlemagne.

J'ai un peu le trac. Cartable aux épaules, je prends le chemin de ma nouvelle école, rue du Grenier-sur-l'Eau. Ce nom doit sans doute son origine au port fluvial de l'ancienne Lutèce, tout proche. Le fleuve des fleuves, la Seine, et ses parapets, sont à quelques encablures, le Pont-Marie à deux pas. Je n'ai qu'à ouvrir modestement ma fenêtre pour apercevoir les flèches de la cathédrale de Paris et m'en sentir secrètement honoré. J'ai beau faire avec mes lacets et ma capuche, chaque matin, c'est bien un vrai petit Parisien qui court pour être à l'heure en quatrième élémentaire.

Ce gamin de neuf ans et demi ignore que, s'il mène une vie normale, il est en fait déjà dans l'antichambre de l'anomalie. Prévoir ce qui l'attend ? À quoi bon l'assombrir. Il a devant lui un millier de jours de classe à l'école du Grenier-sur-l'Eau, et il en profitera, en nourrira sa vie future. Peut-être y a-t-il malgré tout en lui une prescience ramassée dans l'air du temps, les anxiétés parentales, les gènes prémonitoires des ancêtres, qui irrigue une boulimie d'apprendre.

Les deux poings sous le menton, mains tachées d'encre, j'ingurgite avec fringale la panoplie scolaire. Les dissertations sont mes exercices préférés. J'assimile presque sans faute les méandres du subjonctif, je suis assez à l'aise avec le calcul sans que cela me passionne, malheureusement nul en dessin, inculte en gymnastique. Sinon, rien d'exceptionnel en ma personne. Intimidé dès que je suis à l'estrade, devant le tableau noir, distrait de nature, freiné parfois par les séquelles d'une mastoïdite, je rapporte à la maison une flopée de « tableaux d'honneur ».

Selon les saisons, dans les cours de récréation, des modes ludiques se succèdent : tout le monde joue aux osselets, puis c'est la suprématie du Yo-yo, des fléchettes, des gobelets de dés. Viendront le lancer de canifs, les tirs de penalties, les duels à mains nues entre ciseau-feuille-pierre. Et, quelle que soit la saison, le jeu le plus populaire, le plus répandu est la pétanque de billes, de toutes sortes, de toutes couleurs, et leur troc. Surprise, une mode de chenillettes se propage : avec de petites bobines, presque tous les garçons tricotent, c'est drôle à voir, et je ravitaille en laine toute ma classe de quatrième. Sans attendre le printemps, la cour de récréation étend au square de l'Archevêché les jeux de colin-maillard, l'épervier, les gendarmes et les voleurs, qui d'ailleurs sont les mêmes. Les coups tordus se déplacent sous les langues fourchues des gargouilles de Notre-Dame et, sur la verdure, une avant-garde de pigeons est prête à coloniser Paris et en chasser hirondelles et moineaux.

Il y a aussi des batailles homériques pour des leaders de circonstance, des renversements de pouvoir, des coalitions compliquées auxquelles j'échappe. En dehors des clans et des obédiences qui changent de camp, je fais bande à part. Je n'apprécie guère les moqueries sur mon pauvre nom de douze lettres où il n'y a que trois voyelles. Je préfère m'installer à l'air libre pour lire un bouquin sur un banc du square de l'Archevêché ou m'asseoir à même le quai, le cartable à mes côtés, les pieds pendants, à rêver au-dessus des péniches face à l'île Saint-Louis. Nous sommes en 1937, à croire en la paix, le printemps est splendide. À l'unanimité française, tout le monde chante « Tout va très bien, madame la marquise… »

Aujourd'hui, alors qu'une certaine nostalgie guide parfois mes pas, la rue du Grenier-sur-l'Eau a changé de nom, elle s'appelle désormais allée des Justes. Et en face de mon ancienne école, par coïncidence, et sans doute convergence prédestinée, se dresse dorénavant le Mémorial de la Shoah. Sur le bûcher de marbre interminable, et tout en haut, le nom de mon père, Pejsach, et les douze lettres de Gersztenkorn.

La liberté de lire

Mon père prend une initiative, celle de m'emmener à la bibliothèque municipale. Il a mis son costume du dimanche, a confié l'atelier à son associé et m'accompagne pour m'y inscrire. Il a l'air ému en signant pour moi. C'est un événement pour l'enfant d'un milieu où les difficultés sont tues, la possession des livres pas évidente et les écrivains inconnus. Lui est à mes côtés et se sent doublement étranger, peut-être se dit-il que cela nous éloignera l'un de l'autre, son fils entre dans une autre culture. Et pourtant, c'est le plus beau cadeau qu'il m'aura légué. Je me trouve devant une profusion qui m'étourdit et je vais m'y engouffrer. C'est ma première liberté, celle de choisir mes livres. Ce sera le baccalauréat que je n'aurais jamais. La lecture peut disposer de ce luxe, se passer de diplômes.

Vagabond miraculeux entre les étagères, comment m'orienter à travers tous ces choix possibles ? Les livres sont innombrables, je les grappille du regard. C'est comme si, devant un fleuve, j'avais à choisir une goutte d'eau. À force d'hésiter, je fais un tri absurde, selon une apparente logique : je sélectionne le premier par ordre alphabétique. Edmond About, auteur de *L'Homme à l'oreille cassée*. Le titre m'intrigue, je ne regrette pas de le lire. J'aime tout ce qui touche à l'immortalité. C'est un mort enneigé qui s'éveille deux siècles plus tard. Ensuite, le bibliothécaire me guide inévitablement vers les étagères où règnent les voyages extraordinaires de Jules Verne. Toutes ses fictions vont me passionner. De *De la Terre à la Lune* à *Vingt Mille Lieues sous les mers*, je fréquente un par un chaque titre des couvertures vertes de son génie prémonitoire. *Michel Strogoff* en culottes courtes, je fais *Le Tour du monde en quatre-vingts jours*, plus aérien dans *Cinq Semaines en ballon*, plus profond quand c'est un *Voyage au centre de la Terre*. J'accompagne *Les Enfants du capitaine Grant*, je navigue avec le *Nautilus* du capitaine Nemo, j'interroge *Le Sphinx des glaces*, visite *Le Château des Carpathes* et cherche le secret de *L'Île mystérieuse*.

Je m'isole avec les livres, autres voyages. Je suis tour à tour nain et géant avec *Gulliver*, *Candide* avec Voltaire, je me délecte des *Contes d'Andersen* – que je relis à ma mère. C'est une gabegie joyeuse, irrésistible avec *Gargantua*, *Les Mille et Une Nuits* et *Le Sapeur Camember*, auquel j'ajoute *La Famille Fenouillard*, là je suis fan. Je fraternise avec Vendredi, Robinson Crusoé et Ali-Baba, compatis à *Sans Famille* d'Hector Malot et m'enfonce dans la jungle avec Mowgli. À partir des *Trois Mousquetaires*, qui sont quatre, je ne quitte plus Alexandre Dumas, et quand je m'évade avec Edmond Dantès, *Le Comte de Monte-Cristo*, il m'apparaît immense.

La victoire d'une bibliothèque, c'est qu'elle entre dans votre tête et que, parfois, c'est pour la vie. Lorsque je rencontre Victor Hugo et m'identifie à Jean Valjean, à Gavroche, à Cosette, à Quasimodo – mon préféré –, et même aux abominables Thénardier et à leurs deux filles émouvantes, je sais alors que j'ai fait un grand pas dans l'humain. Parfois, allongé sur les lattes cirées entre les rangées de livres, je suis impatient de savoir ce que je rapporterai chez moi et je n'attends pas d'être rentré pour entamer en hors-d'œuvre les premiers chapitres. Les heures et les pages tournent tant qu'il faut venir me récupérer, moi l'assidu de la bibliothèque, dont je sors en dernier, avec pour provision *Le Capitaine Fracasse* et *Poil de carotte*.

Sans le préméditer ou le savoir, je constitue ainsi, entre mes dix et treize ans, un début de socle culturel assez vaste, qui imprimera sa trace. Je m'enthousiasme en même temps pour Antonin Magne, André Leducq ou Georges Speicher quand ils gagnent le Tour de France ou lorsque, exceptionnellement, on me laisse passer une nuit avec une partie de ma classe au Vel d'Hiv et applaudir pour les six jours les frères Lapébie ou Pélissier. On les imite dans des courses effrénées en patins à roulettes rue du Roi-de-Sicile ou rue de la Comtesse-de-Sévigné. Et, à la maison, dans notre chambre commune, je renverse la table, la recouvre d'un drap, et avec deux grandes louches qui servent de rames, sur l'océan du parquet, ma sœur et moi partons en bateau vers les îles Sandwich ou le cap de Bonne-Espérance. Parfois, il y a des requins ou des naufrages. Je sauve des inconnues frigorifiées, ou les poupées fragiles de Jeanne. Et, dès les lumières éteintes, frôlant l'insomnie, nous nous lançons dans l'interminable saga d'un Victor et d'une Suzanne totalement imaginaires, qui sont nos doubles.

À l'école je n'ai guère de problèmes, bien que je prenne le train des rêves en plein jour et parte je ne sais où. L'instituteur me réveille, me demande si je songe à ma Dulcinée. Il en profite pour écrire au tableau noir le nom de Cervantès, éveille notre curiosité et nous donne à lire à haute voix des extraits de *Don Quichotte*. Comme il paraît que je suis le meilleur lecteur de la classe, et par malice, pour me punir, j'hérite du passage où Maritorne, la servante cabossée, se métamorphose en Dulcinée, la dame des pensées du chevalier. Ce maître d'école s'appelle Teinturier. Dans le cours d'histoire, il évoque le siècle des Lumières. Ce jour-là, il nous dit connaître Léon Blum.

À la sortie de la classe, je suis assailli par deux grands qui me traitent de « sale juif ». J'envoie mon cartable à la tête de celui qui me désigne. Bagarre. Je suis en état d'infériorité, dans le caniveau, et mon nez saigne. Personne ne bouge, sauf un rouquin qui m'aide à ramasser les livres tombés de mon cartable et m'accompagne jusque dans la cour pavée de mon immeuble. Mes parents ne sont pas encore rentrés. Je ne veux rien leur dire, je suis ulcéré. C'est surtout la violence qui me fait mal et que je ne comprends pas. C'est quoi, être juif ?

Je n'ai jamais fait attention à ma judéité. Mes parents achètent la *Naïe Presse* (la Presse nouvelle), qui est le journal des juifs laïcs et progressistes. Aucun autre rituel, nous sommes neutres, à part un oncle qui s'est engagé dans les Brigades internationales en Espagne, et dont nous n'avons aucune nouvelle. Je garde le souvenir du dimanche où mon père et ma mère m'ont emmené à l'Exposition internationale de 1937. Nous y passons la journée, à goûter des cuisines de pays étrangers. Des images et des impressions se fraient un chemin subliminal : celle des deux monuments comme des gratte-ciel, qui se font face à hauteur anormale, gigantesques, allemands et russes, se défiant en ennemis irrémédiables avec, sculptés, la faucille et le marteau face à la croix gammée, comme s'ils n'allaient pas tarder à s'affronter.

La radio est souvent allumée et mes parents se disputent sur les programmes. Radio Cité ou Radio Paris ? Ma mère veut écouter de la musique et mon père les informations. Je le sens préoccupé, morose, je vais faire un tour et lui rapporte un journal, *L'Époque*. Mon père est assez singulier, c'est un journal de droite et il tient à ce que je lui lise à voix haute l'article d'Henri de Kérillis. Il l'apprécie beaucoup et considère que dans la presse c'est le meilleur journaliste, je crois qu'il n'est pas optimiste. Lorsqu'il revient de son atelier, il lit *Ce soir*. Et là, sur une image du journal, je découvre les autodafés : le pouvoir en Allemagne met publiquement le feu à des livres.

Surdité

Berck-Plage. Un vent criard qui me renverse et des dunes où je me noie, je m'enfonce et hurle à l'étrangeté du sable. Aucun souvenir de la mer, ce sera pour plus tard, à Hendaye. Reliquat de mastoïdite, des crécelles se murent en moi. L'oreille faible, j'écoute sans entendre.

La situation familiale s'améliore depuis que mon père s'est associé à son beau-frère, Joseph Aronovitz, le mari de tante Yolande, l'une des sœurs de maman. Ces deux-là sont taciturnes, mais le mien est directif. Chacun a donné la première syllabe de son nom, ce qui donne *Les Tricots Gerar*, situés tout près des Grands Boulevards, au 345 de la rue Saint-Martin. On y accède par une impasse longue et étroite à l'anarchie pavée. Ma mère s'est jointe désormais à temps plein à l'atelier, elle a une machine moderne, la surjeteuse, sur laquelle elle aplanit des ourlets, adapte des boutonnières, maîtrise les fermetures Éclair. Pied sur la pédale, elle y règne comme une pianiste, se donne du cœur à l'ouvrage en fredonnant les vrilles de *Madame Butterfly*, et sous ses doigts la machine ronronne de plaisir. Sur les pavés de la cour disjoints, cabossés, les roues du diable déséquilibré font un son vraiment épouvantable. Ces chariots à main déchargent des écheveaux de laine crue qui aux Tricots Gerar se métamorphoseront en gilets, vestes, cardigans, cols roulés et pulls aux couleurs chamarrées.

Je suis le transfuge du jeudi ou du samedi, qui apporte la fantaisie et les gamelles. Je fais mes devoirs allongé sur le linoléum usé aux losanges ocre et beige. L'aller-retour des trois machines à tricoter rythme mes dissertations sur les marées ou les conquêtes coloniales. Les conversations roulent sur de nouveaux modèles, d'heureuses commandes venant de province, les méfaits de la concurrence. Le monde des adultes s'exprime avec vivacité dans de nouveaux termes : l'*Anschluss*, le *Négus*, la *Nuit de cristal*, les *congés payés* et *Guernica* entrent dans notre langage.

Un jour, mon père m'emmène au restaurant Le Tout au beurre, à l'angle de le rue Blondel et de la rue Saint-Martin. C'est bien la première fois que j'ai un menu dans les mains, il faut choisir sur la carte, je me prends au sérieux et nouer ma serviette autour du cou me semble déjà annoncer l'âge adulte qui finira par me rattraper. Je me débats avec un artichaut que je n'arrive pas à maîtriser, ne différenciant pas le cœur et les feuilles. Quand vient le baba au rhum, mon père m'annonce que je pars la semaine suivante à Hendaye. Il a été décrété qu'il me fallait absolument le climat iodé de l'Atlantique. Les gouttes répandues dans l'oreille ne suffisent pas. L'idéal serait un préventorium.

C'est à l'extrémité sud de la France que se retrouve le petit Gabriel. Le « Nid marin » est tenu par des sœurs à cornette blanche et blouses bleues, en sabots ou sandales. L'institution est rigide, religieuse, mécanique. Mixité interdite ; un bâtiment me sépare de ma petite sœur Jeanne, exilée en même temps que moi et perdue parmi les filles. Seule issue pour échapper à la discipline intérieure, offrir son regard à l'horizon, à la hauteur des vagues qui déferlent, les crêtes de l'écume un instant en arrêt, qui sans prévenir se précipitent sur la plage et nous égaillent. Vorace à marée haute, le golfe saturé d'eau salée saoule mes oreilles.

Nous marchons au pas, il y a des rites, des matines, des prières, des génuflexions qui ne sont pas obligatoires mais que les bonnes sœurs privilégient. Il faut tout le temps se dresser et s'asseoir, lever le doigt pour aller au petit coin, on est puni pour un rien, au piquet, privé de sortie ou isolé au dortoir. Pour avoir la paix, je me fais plus sourd que je ne suis. Et comme on nous met au lit à sept heures, je suis le dernier à m'endormir. Dans l'obscurité, je suis certain qu'une bonne sœur me surveille. Mais quand vient le dimanche, on est récompensé par du pain grillé, c'est savoureux et ça crisse entre les dents.

Je n'ai pas gardé de bon souvenir de ce « nid » sans âme : les sœurs ouvraient le courrier, j'ai protesté, j'ai été blâmé, je n'ai plus eu le droit au pain grillé. Puis j'ai eu des spasmes, des douleurs au ventre qui se sont accumulées, gavé de lavements qui me donnaient encore plus la nausée, engendrant de nouvelles souffrances. J'ai eu des coupures de respiration qui me tenaient courbé malgré moi. J'aurais voulu un médecin, et pas la sœur infirmière qui me mettait un thermomètre dans les fesses et m'oubliait.

Hendaye est une ville pas comme les autres, une ville-frontière qui sépare la France de l'Espagne. Une rivière, la Bidassoa – qui est aussi une rue voisine de Belleville –, trace la limite entre les deux pays. Du coup la géographie des livres d'école me devient concrète, Irun en Espagne et Hendaye sont limitrophes. Chacune sur sa rive nationale. L'océan s'en moque, à marée haute il occupe les deux plages. Ce que je ne comprends pas vraiment, c'est que ces deux villes sont toutes les deux du Pays basque. Le préventorium est presque adossé à l'Espagne, et derrière la frontière c'est la guerre civile.

À écouter les bonnes sœurs, il y a des diables athées de l'autre côté, et cette guerre imbibe nos fantasmes d'une atmosphère de crainte, de rumeurs de monstruosité et d'Église persécutée. Je ne sais qu'en penser, une cloison en moi me fait douter de ce que j'entends. Depuis que je suis ici, je refuse de marcher toujours au pas et par ordre de taille, je suis toujours le dernier. Les grands, qui se donnent l'air de faire la pluie et le beau temps, ont catalogué, parmi les nouveaux pensionnaires, un Parigot, style fil de fer, qui a levé le poing sur la plage en regardant vers l'Espagne. Ils s'en prennent à lui, il résiste, court vite, esquive – un vrai furet – et dans une issue improbable s'échappe tout habillé dans l'eau.

Je suis le seul à ne pas avoir bougé. Près d'un donjon de sable que j'essaie de construire en hauteur

– c'est plutôt laborieux –, il en est un qui arrive vers moi, doucereux :

— Alors, t'es rouge ou pas ?

Sur mes gardes, je réponds que je suis blanc.

— Redis ton nom !

Avant de le formuler je suis bousculé, assailli de jets sablonneux et reçois une pâtée, tout en me protégeant comme je peux, surtout les yeux à cause du sable. Laissé seul devant l'océan je suis effondré à l'intérieur de ce qu'il reste de mon donjon, tandis que Fil de Fer, qui s'appelle Ladislas, émerge des flots.

La nuit venue, le ciel se fait rouge, impossible de trouver le sommeil. Des tirs suivis de flammes jaillissent de l'autre côté de la rivière frontalière. Irun, la ville jumelle côté espagnol, est en feu, et l'on doit se massacrer là-bas. Il y a des claquements de projectiles qui cisaillent les nuages suivis de fumées poussées par le vent au-dessus de Hendaye. Nous sommes tous en pyjamas ou chemises de nuit, le nez aux fenêtres, refluant sur les matelas à chaque éclat et revenant aux rafales suivantes, quelques-uns terrés par la peur. Nous sommes aux premières loges de quelque chose d'important. À mes côtés, Ladislas serre les poings, nous y voyons un prolongement de ce qui s'est passé sur la plage. Les sœurs, mobilisées, interviennent : elles intiment le retour aux lits, ferment les fenêtres, bouclent les gros volets. Nous sommes tous couchés et personne ne s'endort. C'est une fantasmagorie, il n'y a plus que des lueurs volatiles à travers les interstices, et par à-coups la brutalité acharnée de crépitements répétitifs. Je suis sûr de ne pas être sourd.

Le lendemain matin, partant pour la promenade, nous apercevons des files de réfugiés, hommes, femmes, des enfants aussi, têtes basses. Ils ont traversé la frontière par la Bidassoa, d'autres sont venus en barque par la mer. Des gendarmes français encadrent leur parcours, tandis que la cohorte républicaine espagnole, militaires en tête, traverse Hendaye entre des huées et un silence pesant. J'ai une boule au ventre. C'est une douleur historique, la guerre vient d'entrer en France. Depuis, on ne m'enlèvera plus jamais l'idée que, devant mes yeux, la Seconde Guerre mondiale a commencé, là, à cette frontière de guerre civile exportée à Hendaye.

Le jour suivant, après un malaise, je suis transporté en ambulance à Bayonne. L'administration intensive de vomitifs contre-indiqués a provoqué une appendicite gangrenée. L'éther dans les narines, je dois compter jusqu'à dix. Envahi de sphères narcotiques, mon corps part pour une destination inconnue.

Je me réveille Dieu sait où. Tout est blanc, les draps, les murs. Flottaison blanche des infirmières et blouse de médecin, j'ai l'œil blanc, la respiration blanche. Lit blanc dans l'oasis du Paradis, je retourne au sommeil couleur de lait. Je suis allongé dans un dispensaire de Bayonne, un drain à travers le ventre, qui expulse un trop-plein de gangrène. On m'a délesté d'un tiers de muscle abdominal. Ce ne sera pas sans conséquences au cours de ma vie. Et tout cela à cause du retard lamentable des méthodes de soin des femmes à cornette. Je demande à voir ma sœur. En vain.

Apprentissage de la solitude, des bandelettes autour du ventre, en état second, visite surprise d'un client de mon père qui m'apporte des illustrés et *Tintin et Milou*. Cela me fait du bien, mais je n'ai pas le droit de rire, la couture de l'opération est fragile. Deux semaines après, retour à Paris, un peu sonné. Exit le Nid marin.

Boulevard des Filles-du-Calvaire, première sortie avec mes parents et ma sœur au Cirque d'hiver. Cracheur de feu, fauves à travers les cerceaux, admiration pour les éléphants, respiration coupée par les trapézistes et surtout hilarité devant les clowns Loyal et Paillasse aux onomatopées irrésistibles. Par la rue de Turenne on se retrouve place des Vosges, l'idée de la beauté me traverse face aux arcades. Je voudrais que nous visitions la maison de Victor Hugo – trop tard, elle est fermée. Nous retournons à pied avec gaufres et barbes à papa rue François-Miron. Il fait beau. J'ai maigri et un peu grandi. C'est le mois de juin. J'entends mieux et je parle peu.

Premiers congés payés : grandes vacances à Montfermeil. Été 1937. Je cherche Cosette et du lait. Tous les pavillons se ressemblent, je me perds. Un garde champêtre me ramène. Je visite *La Mare au diable* de George Sand et persiste avec Hugo : Jean Valjean quitte Montfermeil, le policier Javert, comme s'il était son ombre, continue à le poursuivre. J'entre dans une cathédrale, *Notre-Dame de Paris*. Et j'oublie Cosette pour Esmeralda.

Humeur morose à la rentrée. Nouvelle classe. Entre mon père et ma mère, ambiance de conflit et de mutisme dont les raisons me sont inconnues. Mes tantes Ida et Esther s'en mêlent et jettent de l'huile sur le feu. Une fin de journée qui se traîne, la sonnette tinte à la porte, je me précipite pour ouvrir. C'est mon oncle communiste dont on avait cessé d'avoir des nouvelles, vareuse de cuir découpée, le bras droit plâtré en écharpe. Il entre, sa femme Ida s'évanouit. On la ranime. On débarrasse la table, on met la plus belle nappe, cake, gâteau palestinien et petits schnaps. Il est revenu de Barcelone et nous raconte sa guerre d'Espagne.

Il parle d'une vraie boucherie, explique comment il a reçu sa blessure, ce qu'il a vécu avec les Brigades internationales, la victoire maintenant probable de Franco. Mon père veut que j'aille me coucher, mon oncle insiste au contraire pour que je reste. Il nous glace avec son pronostic. La guerre avec l'Allemagne est inévitable. Il tape sur la table : « La non-intervention, c'est l'intervention fasciste ! Un cadeau fait à Hitler ! » J'ingurgite cette phrase, je pense à Hendaye. Il faudra que j'en parle à la prochaine récréation avec André Jacquart.

Finalorie

J'ai un nouvel ami : il a les cheveux roux ébouriffés, une tête intelligente, un air toujours sérieux, il est trapu, c'est celui qui m'a aidé à remettre en ordre mon cartable quand on s'en est pris à moi. C'est aussi un solitaire, mais je ne le savais pas aussi passionnant. Nous commençons à échanger nos livres, partageons nos interrogations, dialoguons à n'en plus finir. André est fou d'Histoire, avec une préférence enthousiaste pour Napoléon et toute une époque de gloire, les soldats de l'An II, Valmy, le pont d'Arcole, le soleil d'Austerlitz, les Cent Jours. Waterloo ne fait pas partie de l'épopée, ce n'est pas une victoire. Je lui confie que ma mère, d'origine polonaise, a le même profil que Marie Walewska, l'amoureuse de Napoléon, ce qui lui plaît beaucoup. Je ne précise pas que c'est en fait celui de Greta Garbo, qui l'incarnait dans un film.

Nous faisons bande à part, mais on nous fout la paix. Il a une façon de remettre à sa place quiconque nous ennuie que l'autre se sent vite en état d'infériorité. Il m'avait déjà abordé à propos d'une rédaction que j'avais écrite et que notre instituteur, pour l'exemple, avait lue à haute voix à toute la classe. Être le point de mire n'est jamais évident, je ne savais pas trop où me mettre. C'était un exercice à propos de La Fontaine et de sa fable *Le Héron au long bec emmanché d'un long cou*, qui dédaignait les poissons qu'il aurait pu avaler, trop heureux à la fin de ne trouver qu'un pauvre vermisseau. L'instituteur semblait surpris, c'était inattendu que quelqu'un prenne fait et cause pour le héron et lui donne raison.

J'avais tenté de me mettre à la place de cet oiseau original, capable de résister à la facilité, qui privilégiait ce qu'il désirait, prenait des risques et ne réagissait pas comme tout le monde. Bref, j'avais une excellente note, neuf et demi, et si je n'avais pas dix sur dix, c'est que le maître d'école se demandait si je me rendais compte que j'avais fait du héron un personnage qui n'appartenait plus à La Fontaine. Ce jour-là je devins pour les uns le chouchou du prof, et pour les autres j'acquis une sorte de statut à part. À la sortie, André Jacquart est rentré avec moi, curieux de savoir où j'avais pu aller chercher cette idée d'un héron héroïque. Je lui ai avoué que c'était précisément le rapprochement de ces deux mots dans le dictionnaire, « héron » et « héros », qui m'avait motivé, et que, La Fontaine ou pas, j'avais saisi ce délire d'inspiration, trouvant intéressant de faire du héron un autre portrait. André Jacquart me répondit que, bien plus qu'un portrait, c'était une interprétation. C'est là qu'est née notre amitié.

Dans l'appartement de ses parents, rue du Pont-Louis-Philippe, dès l'entrée une étagère entière est consacrée à Victor Hugo, des volumes avec de magnifiques reliures, du Napoléon Bonaparte en veux-tu en voilà, une armoire pleine, de l'Égypte à Sainte-Hélène. Au mur, des gravures de Daumier. Apparemment, M. Jacquart a la même passion que son fils, ou l'inverse. André m'a invité à prendre le goûter chez lui, c'est un jeudi, le jour sans école. Je demande à ma mère si elle est d'accord. Ce qui la préoccupe, c'est ce que font ses parents. Je réponds que son père est archiviste, ma mère ne sait pas ce que ça veut dire, moi non plus. Je lui explique qu'il travaille rue des Archives, et sans le faire exprès, c'est vrai. C'est un milieu différent du mien, je m'y sens bien. Nous faisons nos devoirs ensemble et retournons à nos discussions. Jacquart parle souvent avec précaution, pense que « ça recule au lieu d'avancer », que « les hommes vivent comme des poissons dans un aquarium où il y aurait de moins en moins d'eau », et que « ça manque d'idées grandioses ». J'aime beaucoup ses remarques, même si je le trouve trop pessimiste.

Y a-t-il un Dieu ou non ? Nos discussions deviennent extravagantes, traversées de fous rires clownesques. Les poings serrés contre sa poitrine, il a le sens des images. Il imagine Dieu visitant ses propriétés, les innombrables planètes qu'il a conçues à la vitesse de la lumière, agrippé à la queue d'une comète qui va de plus en plus vite, au point qu'il ne peut plus atterrir nulle part et s'éloigne de plus en plus du Big-bang vers des trous noirs où il y a beaucoup à faire, son Saint-Esprit nous ayant complètement oubliés. Peut-être reviendra-t-il voir le résultat après l'extinction du Soleil ? Il attend ma réaction. Je le félicite.

Ma version est moins cosmique, plus terrestre. Le secret caché de Dieu, c'est qu'Adam et lui sont une seule et même personne. Dieu en a eu assez d'être seul. Notre globe a été sélectionné comme cobaye. Et, pour que ses habitants soient à son image, il a joué le rôle d'Adam et a ensuite eu l'idée totalement inouïe de créer Ève en s'amputant d'une côte, côté cœur. Puis le serpent, la pomme, et surtout, grâce à cela, les enfants. Est-il reparti ? Il est possible qu'il soit resté, qui sait ? Mon histoire me plaît, j'y crois presque. André soupire :

— Pauvre Dieu, il n'a jamais eu de chance avec nous !

Je réponds :

— S'il faut être pauvre pour être Dieu, on est tous Dieu !

Il me contredit en affirmant que seul un financier peut se permettre d'être Dieu. Je lui rétorque que Jésus n'était pas un financier. Il est paradoxal que ce soit moi qui le lui rappelle !

Je crois que nous nous ressemblons : nous sommes des lyriques, mais nous ne le montrons pas. En ces jours qui chevauchent 1938 et 1939, nous prenons une décision qui nous rendra inséparables, des mois durant : nous décidons d'apporter au monde une nouvelle Constitution.

— Il faut changer le monde !

Nous nous mettons d'accord. Et au travail.

Acte premier, incontournable à nos yeux : supprimer les armées, les jeter à la mer, ça fera une sacrée économie. L'idée est lumineuse et logique : si on n'a pas d'armées, on ne peut pas s'en servir ! Métamorphosés en géographes, nous nous appliquons avec passion à créer et fabriquer un continent imaginaire. C'est une opération assez longue et complexe. Les feutres et les ciseaux enfin rangés, nous accouchons de nouveaux pays et donnons à chacun un nom : l'*Angloïde*, la *Balkanie*, l'*Italmagne*, les *îles Intérieures*, l'*Ursland*, le *Scandinord*, la *Polomanie*, l'*Heldorado*. C'est un rêve éveillé, qui nous enthousiasme. Je choisis pour pays personnel la *Finalorie*. Et André opte pour le *Quovadis*. Nous en serons les ambassadeurs. Dans nos esprits, il n'y a rien de plus noble et chevaleresque que ce beau titre : « Monsieur l'ambassadeur ».

Nous rédigeons de nouvelles lois. Les parlements de nos deux pays seront constitués d'enfants, d'artistes, de scientifiques et d'ouvriers. Les livres seront gratuits. Le Premier ministre ne sera pas celui qui aura le plus de voix mais le troisième, ce sera plus juste. Chaque année nous ouvrirons nos frontières afin que se rencontrent les habitants de Finalorie et du Quovadis. Pour les écoles, ce n'est pas un drame, garçons et filles seront dans la même classe. Nous ajoutons, nous retirons, nous améliorons sans cesse la Constitution et les lois : le pain sera vendu avec un poème. Les parents passeront un examen le même jour que les enfants. Pour qu'on ne les oublie pas, un arbre portera le nom de chaque mort. Nous y passons un temps fou, chez lui, chez moi, et nous sommes tellement pris par notre monde parallèle qu'il en devient plus important que tous les devoirs du monde. La réalité de l'avenir, c'est nous.

Nous tendons l'oreille : la radio, les journaux, toutes les conversations tournent autour du même sujet. Les vendeurs ambulants de *Paris Soir* sont pris d'assaut. Des titres immenses, en édition spéciale, annoncent comme une grande victoire que la Paix vient d'être sauvée, qu'il n'y a plus d'inquiétude à avoir, grâce à Munich qui a permis un accord. Quand il revient de cette ville allemande où il a rencontré Adolf Hitler, Benito Mussolini et un Anglais très distingué, Édouard Daladier et son chapeau, qui sont tous les deux les vrais présidents du Conseil français, sont accueillis par une foule en état de délire qui les acclame. Pourtant, quelques-uns dénoncent ce soi-disant soulagement, comme Henri de Kérillis, le journaliste préféré de mon père, qui est de droite, ainsi que mon oncle communiste et mon instituteur socialiste. André est très sévère, il pense que ce Daladier n'aurait pas dû mettre les pieds en Allemagne et laisser l'Anglais et son parapluie y aller tout seuls. Nous cherchons fébrilement sur un atlas où sont les Sudètes, et s'il y en a en France. Quelques mois plus tard, la Tchécoslovaquie est dévorée, absorbée par le boa chancelier qui avale tous les pays les uns après les autres. La petite Albanie est également annexée, sans bouger elle est transportée en Italie.

Nous prenons le Bateau-Mouche avec Jeanne et mes parents. Il fait beau et frais et je ferme les yeux sous le soleil. Nous passons sous plusieurs ponts, je ne m'étais pas rendu compte de la beauté de Paris. Je remercie mon père et ma mère de m'avoir permis de naître dans cette ville magnifique : ils sont étonnés, moi aussi, et je pleure d'émotion devant la Conciergerie. J'ai honte de fondre en larmes comme ça, sans raison. C'est la fin de l'année scolaire, j'ai obtenu un prix d'excellence et l'école m'a offert *Cinq Mars* d'Alfred de Vigny. Mon père a fait mettre l'eau courante dans l'appartement, ce qui est bien plus pratique que les seaux d'eau dans l'escalier. De retour à la maison, ma mère et ma sœur, très sentimentales, reprennent en chœur la chanson de *Blanche Neige*, le dessin animé de Walt Disney : « Un jour, mon prince viendra… » J'écoute la radio, Marcel Cerdan, le boxeur marocain, est champion d'Europe poids moyen et devient une idole.

Et la Finalorie, là-dedans ? Et le Quovadis ? Avec André, nous persistons à maintenir la flamme. Nous tenons à notre modèle, on y a mis tout notre être. Nous regardons ce que nous appelons « le Projet » comme si c'était le berceau d'un enfant à naître. Que faut-il y inclure pour qu'il ne ressemble pas au monde qui nous perturbe et dans lequel nous vivons ? Hésitation, il nous faut imaginer nos propres réponses, il faut agir vite. Le Grand Consul de l'Italmagne, fourbe, amasse des troupes à nos frontières. Comment préserver la Finalorie, comment défendre le Quovadis ? Si nous sommes désarmés, comment empêcher la suite ? La discussion bat son plein, mais les deux jeunes utopistes que nous sommes n'emploient pas les mêmes mots : André privilégie la paix et Gabriel a pour priorité la liberté.

Au Studio Rivoli, nous venons de voir *La Grande Illusion*. Nous sortons impressionnés, secoués par ce que le film raconte. Cette histoire de pacifisme et d'évasion me plaît infiniment. Le metteur en scène a choisi un acteur qui me fait un effet inoubliable, Erich Von Stroheim, au physique d'aristocrate étrange, avec une minerve autour du cou. André préfère Pierre Fresnay : l'officier est le vrai héros, celui qui se sacrifie, il voudrait lui ressembler. On retournera le voir au retour des vacances, promis ! Nous établissons une loi pour que les films de Jean Renoir soient gratuits et présentés dans toutes les écoles de France.

Un autre film me marque profondément, c'est *La Ruée vers l'or*, dans lequel Charlot me fait pleurer de rire. Les images en noir et blanc s'incrustent dans mon esprit, c'est un film muet qui invente une langue nouvelle. J'essaie, comme ce génie qui a faim, ce héron-héros dans sa cabane qui tangue au milieu des neiges, de manger mes lacets et le cuir de mes chaussures, j'en crache le premier clou. À eux quatre, Charlie Chaplin, Jean Renoir et ces deux films, ils seront tout le cinéma du monde quand me viendra la solitude.

Le 14 juillet 1939 m'offre un petit moment de gloriole à la kermesse municipale du IVe arrondissement. C'est la fête nationale, tous les voisins sont dans la rue, avant de danser sous les lampions et flonflons à la caserne des pompiers, avant de s'extasier sur les quais de la Seine devant le feu d'artifice. L'humeur cocardière de la foule me stimule et dans un concours où nous sommes une vingtaine, me voilà le vainqueur inattendu d'une course au sac dans ma propre rue ! Mes camarades de classe sont d'un coup fiers de moi et m'aident à me dépêtrer du sac à patates en treillis. Deux heures plus tard, sur le tréteau dressé face à la mairie et devant deux cents badauds, je reçois le prix de la grimace la plus abominable de l'arrondissement. Les gens rient, applaudissent, se moquent de moi. Je reviens à la maison avec un kilogramme de chocolats, caramels, dragées et nougats. Cet été 1939 s'annonce vraiment bien.

Les cloches de Savigny

Le jeu de la vie et de la mort, je l'ai conçu à Savigny-sur-Orge, à vingt kilomètres de Paris, dans un contexte singulier : ce n'est pas tous les jours que la guerre est déclarée. Même si l'événement en question est unique, nombre de bouleversements ont des débuts anecdotiques. Tout début septembre, fin d'après-midi chez le coiffeur, on vient de me raccourcir les cheveux et de les gominer légèrement. Devant le miroir où mon père se reflète, son visage barbouillé de crème à raser, le barbier aiguise comme un métronome le tranchant de son couteau-rasoir sur une lamelle de cuir. En attendant, j'emprunte le journal sportif jaune, *L'Auto*, et l'ouvre à la page football. Soudainement des cloches se mettent à carillonner, s'amplifiant, vibrant dans des tonalités plus graves et multiples, en sonnant à la volée. La lame du coiffeur s'immobilise à quelques centimètres du cou de mon père. Figé devant la glace, barbe blanche mousseuse, il s'est raidi et ne bouge plus.

J'ai suivi les clients sur le seuil de la porte. J'embrasse du regard les commerces du centre de Savigny. Les vendeurs et acheteurs ont tous abandonné leurs échoppes et j'enregistre cette vision : les vélocipédistes immobilisés le pied au sol, l'ensemble des passants statufiés, les femmes plantées dans l'encadrement des fenêtres, des enfants incrédules, et tous obéissant au même réflexe, les yeux au ciel comme si c'étaient les nuages qui résonnaient.

Le crescendo sonore s'accentue, renforcé par les clochers de cités voisines et l'écho de clochers plus lointains, comme s'ils étaient tous coalisés pour l'ensemble de la nation, multipliés par des relais de plus en plus contagieux. Les tempes assourdies, un gong pour l'oreille droite, un gong pour l'oreille gauche. À l'unisson, les cloches de France, de Navarre et de Savigny-sur-Orge sonnent ensemble.

Toutes les églises réunies de notre état laïc sont des messagères. C'est exceptionnel. Le tourbillon de l'alarme sonne le tocsin à sa paroisse pour annoncer la déclaration de la guerre à l'ensemble de la cité. Chacun ici l'a désormais compris. La foule, pétrifiée comme une seule personne, se disloque au ralenti sans quitter le ciel du regard, anticipant inconsciemment le survol d'une aviation ennemie au-dessus du tintamarre des cloches. Dans le salon de coiffure, mon père et le barbier ont l'oreille collée à un poste de radio où résonne en direct le carillon de Notre-Dame de Paris. Papa, sans barbe, se tourne vers moi et me demande de rejoindre au plus vite ma mère et ma sœur, sans doute affolées, le temps pour lui de retirer un résidu de trace savonneuse qui bave sur sa veste, de régler ce qu'il doit et de nous rejoindre.

Au début du parcours, le tic-tac violent du cœur lorsqu'on court trop vite. Je reprends mon souffle.

Il n'y a plus de cloches, seul un vent léger auquel s'ajoutent de vagues aboiements de chiens perturbés. Les échos du tocsin flottent encore dans l'air et, comme si nous ne l'avions pas assez entendu, le tintamarre des cloches de France reprend comme un bis. Cette fois, c'est un glas continu, qui matraque l'intérieur du corps entier. *Mourra ? Mourra pas ?* Cette double question s'insinue, s'amplifie dans ma tête, comme si la réponse devait être donnée tout de suite. Et sur mon chemin, j'entame alors un cérémonial morbide.

La guerre, quand on ne l'a jamais connue, est emblématique, auréolée de fatalité. C'est abstrait, ce sont des dates historiques qu'il faudra apprendre par cœur. Mais ce qui est vraiment certain, c'est qu'il y en a qui s'en sortent vivants et d'autres pas, sinon ce n'est pas une guerre. Curieusement, j'éprouve une sorte d'allégresse perverse, ce n'est pas normal. *Mourra ? Mourra pas ?* Je n'ai que douze ans et je suis devant un grand film de guerre dont je ne connais pas la fin.

Moitié marelle, moitié football, j'ai devant mon soulier un caillou couleur brique assez consistant. De la pointe du pied je le projette quelques mètres en avant, et je spécule, avec une forme de superstition ayant deux réponses à la clef : quand je le lance, si je l'expédie au ras du sol et qu'il demeure sur la chaussée, c'est bravo, signe de vie : *Mourra pas !* Mais si, hélas, le caillou heurte le rebord du caniveau, que je le veuille ou non, c'est signe de fatalité : *Mourra !* Par prudence, je débute avec des amis extérieurs à la famille, puis projette successivement ce caillou pour mes quatre oncles et mes tantes. Triste soupir pour Clément, mon petit cousin de huit ans. Je redoute la suite, mais je persiste. Ma mère et ma sœur demeurent en vie. Mais je me souviens avec certitude que ce totem que je lance en dernier lieu pour mon père a d'abord suivi une course rectiligne puis l'a quittée, dévié, pour heurter le rebord du caniveau. Prémonition, verdict, culpabilité, fantasme, tout sang retiré du visage, j'arrête le jeu sacrilège. Je me demande à partir de quel âge on peut recevoir un fusil.

Panique ou non, le pire est arrivé. Ma mère, figure de tragédie, est blême. Son pays natal, la Pologne, est écrasé par le rouleau compresseur de l'envahisseur. Anxieuse, elle ne se fait aucune illusion sur l'issue du conflit, a compris le langage du tocsin et sait que sa famille est en danger mortel. Ma sœur est devant la radio qui glapit des bribes de déclarations ministérielles entrecoupées de musique militaire. Mon père arrive enfin et décrète notre retour à la maison le jour même. L'Angleterre vient également de déclarer la guerre à l'Allemagne. Fin des vacances, c'est la mobilisation générale. La Seconde Guerre mondiale est déclenchée. Malgré tout, il faut dîner, ma mère a préparé des pommes de terre rissolées.

Un autre regard

Retour immédiat à Paris. J'ai les mêmes yeux, mais le regard change. L'enfance et la guerre, une situation nouvelle dont les morceaux épars ont du mal à coïncider. En cinq secondes, ce n'est plus la paix, ce n'est plus la même ville. Impossible de ne pas se sentir concerné, l'affichette annonçant la mobilisation générale est sur toutes les façades. Première vision concrète : des monceaux de sacs de sable entourent l'hôtel de ville, le Génie de la Bastille et la statue de la République. C'est sans doute de première urgence. Les gens marchent plus vite que d'habitude. Des grappes de civils agglutinés font la queue au portail des mairies et des casernes. On aperçoit moins de costumes et de bleus de travail, remplacés par des uniformes militaires. Regroupés, ils sont applaudis, escortés par des gosses triomphants comme s'ils allaient dans trois jours entrer à Berlin. De nombreuses files d'attente s'allongent devant les magasins, c'est à qui repartira avec des kilos de stock de provisions. Les phares des voitures sont peints en bleu. Et, pour la première fois, Paris est aspirée par l'ampleur sonore des sirènes. En quelques instants, la rue de Rivoli est vide.

En ce début septembre, les écoles nous accueillent, ouvrant leurs portes comme prévu. Dans les classes, nous n'en voyons pas l'utilité, surtout que nombre d'instituteurs sont en partance pour le front. C'est plutôt une garderie. Une lettre aux familles évoque l'évacuation des écoliers en province. Excités et bouillonnants, nous en profitons pour parader sur nos patins à roulettes et nous lancer à l'assaut de l'Arsenal, face à l'île Saint-Louis, avant de revenir par le Pont-Marie. Peut-on croire à la guerre et aux champs de bataille quand on regarde le ciel de septembre et qu'il est si bleu et innocent ? Deux agents en pèlerine noire nous stoppent pour un prétendu excès de vitesse et nous confisquent l'un des deux patins. Nous nous rebiffons, ils nous font la leçon, interdiction de patiner à l'avenir sans masque à gaz.

On ne demanderait pas mieux que d'être utiles. Alors à nous la fureur de vivre puisqu'à chaque génération il y a la guerre et que notre armée est la plus puissante du monde. Nous en débattons à l'école, cette fois, ce ne sera pas comme en 1870 ou en 1914, c'est nous qui entrerons en Allemagne, cela ne va pas tarder, ses armées sont occupées en Pologne. Je suis habité par cette certitude, et comme tous ceux de mon âge, je compte sur la grande offensive française. En attendant, on siffle et chante joyeusement *On ira pendre notre linge sur la ligne Siegfried.* Le nouvel hymne de l'orchestre de Ray Ventura galvanise la France entière. Les journées passent, rien ne change, comme si la paix continuait. La ligne Maginot nous protège, qu'ils viennent, on les attend. Malbrough s'en va-t-en guerre, et nous avec…

Les kiosques sont dévalisés et les journaux, avec leurs articles exaltant la défense héroïque de la Pologne, commentés sur place. Les photographies sont plutôt terrifiantes. Mon père et mon oncle ne sont pas d'accord. Mon père trouve odieux et immoral le pacte entre la patrie du socialisme et l'Allemagne nazie, et mon oncle Maurice claque la porte en criant que Staline est un génie qui a déjoué les pièges capitalistes. À la maison, la radio est désormais le personnage central. L'oreille vissée au poste, mon père est très atteint. Il n'en dort pas C'est une souffrance dont il ne dit rien, son passé d'enfant varsovien doit lui revenir. Et je sens que ma mère, émotive, toute digne qu'elle soit, le vit douloureusement. Ils se sentent impuissants, démunis. Ils ont tous les deux père, mère, sœurs, frères, neveux, nièces en Pologne. Ils ont peur pour eux.

Les chars d'assaut de l'armée hitlérienne s'enfoncent dans la chair polonaise. La cavalerie, l'élite mythique de l'armée en Pologne, attend avec impatience depuis 1920 son heure de gloire, le sabre à la main. On va voir ce qu'on va voir, les chevaux se retrouvent avec leurs sabots devant les panzers blindés allemands. Le premier acte de cette guerre, violent, est hippophagique. Le second acte est l'impensable intervention russe, prenant courageusement à revers ce qui reste encore d'agonie en Pologne. Pris dans un étau, il n'y a plus qu'à dépecer ce pays entre les deux envahisseurs. Malgré mon jeune âge – j'ai à peine douze ans –, et si nébuleux que soit mon rapport à des événements aussi violents, je fais l'apprentissage horrifié de ce que peuvent être le cynisme, la brutalité et les rapports de force. Une leçon d'histoire qui ne s'oublie pas.

Si l'offensive française se fait attendre, nous avons en revanche un secteur ultradynamique qui a pour nom la « défense passive ». À ce titre, je me retrouve avec mon père dans une cohue innommable au dépôt de la gare des Invalides, pour la distribution gratuite de masques à gaz. Le grand sujet de l'automne 1939 pour les Parisiens est la hantise des bombardements, on n'en finit pas – presque chaque jour – de descendre dans les caves. Les sirènes emplissent le ciel en hurlant, les appartements se vident d'un coup, on dégringole à toute vitesse les escaliers pour y parvenir plus vite que le survol de l'aviation allemande. Une fois au sous-sol de l'escalier B, dans l'abri, tous entassés avec des couvertures, sandwichs, biberons et masques à gaz, nous patientons dans une odeur de craie humide, agressive pour les narines. Une vie souterraine pour des locataires qui se demandent surtout s'ils vont retrouver leur immeuble massacré.

C'est l'occasion de mieux se connaître. Les voisins du deuxième étage, la famille Fizbin, cinq enfants, accaparent mon attention. Hélène, qui va sur ses seize ans et que je croise parfois dans l'escalier, roule des épaules et irrite ma mère : « Pas normal qu'à son âge elle se maquille autant ! » J'aime quand elle vient s'asseoir contre moi, elle a une odeur de crème onctueuse qui m'envahit. J'apprécie moins quand elle s'assoit auprès de quelqu'un d'autre. Je ressens une grande gêne quand une locataire de l'escalier B libère sa poitrine pour allaiter ses jumeaux. Cette gêne devient admiration quand les bébés s'y agglutinent. Civils en péril, nous attendons stoïquement la fin des alertes. J'aide la vieille et lente madame Aubrane qui, avec sa canne, a du mal à monter les marches jusqu'au premier étage. Entre-temps, pour compenser l'électricité coupée, notre chef d'îlot, Mme Garnier, la concierge, me confie la responsabilité des chandelles. Je prends cela au sérieux, les distribue, les allume. Nous nous regardons, faces blafardes au milieu de jeux d'ombres, dans la crainte d'une bombe larguée sur l'hôtel de ville tout proche. Nous finissons par nous endormir les uns contre les autres, comme dans un train immobile. Puis nous remontons en rechignant alors que nous sommes vivants.

Le temps passant, parvenus à la trente et unième alarme de suite, on traîne, on se lasse et, blasés, réticents sinon saturés, on n'y va plus. Quelques minoritaires parmi les locataires, abonnés aux cris de la sirène, persistent pourtant, descendant à la cave sans se presser avec leur thermos, leur jeu de cartes et leur chat récalcitrant, comme si c'était un club. Les sirènes, qui agressent les oreilles, engendrent des réflexes conditionnés qui échappent parfois à la logique et en deviennent paranoïaques. Avec assiduité, le hululement sonore nous frappe encore en plein sommeil, on s'habille à la va-vite par-dessus les pyjamas.

En fermant la fenêtre, soudain ma mère sursaute et nous chuchote, anxieuse : « Ça sent le gaz ! » Mon père, inquiet, est sur le qui-vive : « Tu es certaine ? » Tous les deux hument avec suspicion un ciel neutre.

Par précaution, ma mère conclut : « On n'a plus le temps de descendre. » Mon père se veut expert : « Le gaz est sûrement plus dangereux dans une cave. » Nous voilà sortant nos masques de leurs étuis cylindriques et les ajustant sur nos visages. À partir de cet instant, nous attendons, concentrés sous ces masques où l'on n'entend ni ne voit rien. À travers nos lucarnes fumées, nous ne sommes plus que des Martiens empotés nantis de caoutchoucs en tire-bouchons pompant l'oxygène. Entre asphyxie et fatalité, nous craignons le pire. Les lampes de poche de ceux qui remontent de l'abri indiquent la fin de l'alerte, nous regardons dehors, y risquant nos têtes garnies des masques, ce qui dans la cour laisse nos voisins perplexes. Nous, nous sommes en vie, libérant nos visages, penauds et dérisoires : il n'y a jamais eu d'odeur de gaz.

Je bûche comme un bossu à l'école et beaucoup plus à la maison, comme si j'avais besoin de rattraper et en même temps d'emmagasiner. Je répète à plusieurs reprises, pour bien m'en souvenir : « Je suis le Ténébreux, le Veuf, l'Inconsolé », je découvre Gérard de Nerval et déclame cent fois le vers suivant que je trouve sublime : « Le Prince d'Aquitaine à la tour abolie. » C'est l'année du certificat d'études, c'est crucial, il faut tout de même que je réfléchisse à la suite. J'aborde la question avec André. Nos liens sont moins évidents, il s'éloigne, son père va être muté à Dijon ou Valence, pour mettre les Archives à l'abri. Pour André, c'est réglé, il suivra son père, son intention est de s'orienter ensuite côté École normale supérieure, licence d'histoire ou faculté de droit. Je sais qu'il ne bluffe pas. Mon ami André Jacquart a déjà un regard d'absent.

J'ai voulu reprendre notre dialogue, notre maquette de l'utopie géographique ; il me rappelle qu'avant tout notre Constitution est pacifique, qu'il ne faut pas trop suivre l'actualité. L'agression contre nos pays est une réalité, je ne vois pas d'autre vérité. André Jacquart hausse les épaules et me dit qu'il serait bon de dépasser cette guerre de papier. Je saisis mal le sens de cette expression. Je ne sais pas polémiquer, je le sens agacé, la fracture est grave. Je suis chagrin et perturbé. Notre grand rêve pour les temps futurs est en panne sèche. Je chercherais volontiers refuge dans les îles Intérieures, mais s'y retrouver seul, c'est sans joie. Peut-être ai-je tort, André serait dans le vrai et moi dans les songes creux. Je ne crois pas. Le cœur me pince de cette amitié qui se déchire.

La réalité, c'est la guerre qui grignote l'ambiance, nous rend de jour en jour plus sceptiques. Le gouvernement Reynaud nous assure avec autorité que « nous vaincrons parce que nous sommes les plus forts ». Mon père veut s'enrôler, mais il n'y a plus d'armée polonaise. Il n'y a plus de Pologne non plus. Il revient morose du consulat, on l'a inscrit sur une liste annexe de réservistes, on lui écrira. Il s'irrite et se plonge dans son travail avec acharnement, comme s'il courait après le temps, évitant les sujets où l'on s'enlise dans les commentaires. Je sens en lui une réticence générale, l'optimisme l'agace et le pessimisme est inutile. Cher père, qu'aurions-nous vécu ensemble si tu avais continué d'être présent parmi nous ? C'est sans écho, sans réponse. Pour l'instant, tu veilles sur nous, et pour ne pas trop penser, nos masques à gaz en bandoulière, tu nous emmènes tous au cinéma. Ce n'est plus au Floréal, et cette fois c'est moi qui choisis le film, attiré par le titre, *L'Enfer des Anges*. Il est au programme du cinéma Le Cocorico, boulevard de Belleville, dans notre ancien quartier. Sur l'écran, le visage qui me subjugue et m'émeut est celui de Louise Carletti.

Tourniquet

Période de tourniquet où je me perds. L'an 1940 attend et il ne me semble pas que j'existe, ni même que j'existerai un jour. Les neurones du souvenir répondent avec difficulté. Mon corps se transforme et je grandis, certes, mais chichement. Un nom émerge de ce temps de stagnation où la guerre est immobile : René Berger. Cheveux en brosse, il fait plus âgé que moi ; les circonstances de la rentrée nous ont mis côte à côte sur le banc de l'écritoire. Nous sympathisons rapidement. C'est une période de travail assidu avec une institutrice rondelette et à poigne qui me tape sur les doigts quand je me ronge les ongles. Personne ne chahute, nous sommes maussades et actifs. Même la cour de récréation est morne.

Nous avons droit à la visite d'un vieux lieutenant mélomane aux chants patriotiques, nous réchauffant à coups de Maréchal Joffre, Maréchal Foch et Maréchal Verdun. C'est le jour de gloire de cet homme, au tableau noir il dessine les taxis de la Marne et nous reprenons en chœur avec des convictions diverses : « La victoire en chantant nous ouvre la barrière » et un air de marche : « C'est nous les Africains qui revenons de loin ! » Drôle de guerre, nous sommes constamment dans l'ancienne. René, d'abord réprimandé pour irrespect, obtient la considération générale tant il siffle avec virtuosité. Il joue le chef d'orchestre et ça devient : « Je chante/Je chante soir et matin », d'un certain Charles Trenet. Le besoin de se défouler est tel qu'on ne peut plus nous arrêter, et c'est en chantant que nous sortons, jazz jubilant dans les guiboles.

Notre passion, ce sont les bouts-rimés à toutes les sauces. Avec René Berger on en griffonne même dans les marges de nos cahiers et sur nos devoirs en commun. Il vit rue de Fourcy, à l'angle de ma rue, et son immeuble est contigu à un bordel que sa grande sœur, apportant du thé poivré, appelle « maison close » – ce qui correspond à la vérité : je n'ai jamais vu de porte dans la rue ou la cour pour y entrer. Son père déclare qu'il y va une fois par mois et sa femme éclate de rire. J'aime la façon de vivre de cette famille. Comme M. Berger travaille dans une imprimerie militaire, c'est certainement un expert. Sûr d'avance de sa réponse, je lui demande :

— Qui va gagner la guerre ?

Il répond du tac au tac :

— Les États-Unis !

— Mais ils ne sont pas en guerre !

— Justement !

Début novembre, alors qu'on n'y pensait plus, la décision d'évacuer en province les écoles primaires parisiennes se concrétise. Histoire, je suppose, de préserver les chères têtes blondes des générations suivantes. Les autorités compétentes ont évidemment choisi avec beaucoup de lucidité des points de chute inaccessibles pour l'armée allemande. C'est ainsi que je me retrouve expédié à la va-vite en Normandie, à Sainte-Honorine-les-Bains. La moitié de ma classe voyage avec moi, mais malheureusement pas René Berger. Je ne sais pas pourquoi. Ni André Jacquart, ni Guilloux, ni Köhler. J'ai du mal à trouver de nouveaux repères, l'institutrice énergique me manque et j'erre en me rongeant les ongles dans des locaux inadaptés.

Nos classes sont mélangées de neuf à treize ans, les manuels scolaires aussi. Une centaine d'énergumènes parisiens d'écoles différentes avec des élèves du village, c'est la pagaille et on est vite déboussolés. Pour remplacer ceux qui sont à l'armée, il a été fait appel à des instituteurs retraités de Basse-Normandie et à des enseignants intermittents qui une fois sur deux ne reviennent pas. C'est complètement rudimentaire et la coupure campagnards/Parisiens est totale. Ici, ni journaux ni radio, ce qui m'angoisse : il se peut que l'offensive française ait commencé ? Moustiques à l'abandon, nous tournons en rond. Des mouettes de Port-en-Bessin battent de l'aile au-dessus du bâtiment, la mer est à quelques bornes mais nous n'y allons jamais, c'est dommage, nous n'avons droit qu'à des rafales de vent humide, salé et froid.

Une algarade – une par jour – nous divise curieusement – ça me rappelle Hendaye – entre partisans de Tino Rossi et une minorité « moderne », rassemblée autour d'un hurluberlu aux cheveux bouclés des plus sympathiques, qui entonne : « Boum !/Quand notre cœur fait boum ! » de Charles Trenet. Je suis en terrain connu. C'est drôle, nous sommes à des milliers de kilomètres d'une Pologne partagée, d'une guerre russo-finlandaise qui s'enlise – combien sont-ils qui meurent dans le silence des neiges ? –, et nous, à Sainte-Honorine-les-Bains, nous bataillons comme des enragés, entre ceux qui ont pour étendard *Petit Papa Noël* et quelques autres qui se font tabasser en chantant *Y a d'la joie*, même s'il n'y en a pas. René Berger, c'est pour toi que je me bats aux côtés d'un malingre grandiose, un Astérix acrobate qui a arraché une branche d'arbre en hurlant sa liberté de préférer Charles Trenet.

Est-ce mon premier symptôme artistique ? Je ne crois pas. En tout cas, à l'approche de Noël, la marée des inconditionnels de Tino Rossi nous laisse dans un sale état : j'ai une balafre rouge sur la joue, la mâchoire à moitié décrochée, les genoux en feu. Un mouchoir tamponne ma bosse sur le front. Allongé sur un banc, je refais surface. Le lendemain, profitant de la venue du facteur, je glisse une lettre à mon père, lui racontant les dégâts et concluant qu'ici c'est une vraie prison. Je le supplie de ne rien dire à maman, et que ça reste un secret entre nous. Évidemment, il lit mon courrier à haute voix à ma mère qui, affolée, exige qu'il vienne extirper son fils de Sainte-Honorine.

J'ai abandonné tout espoir, je ne pleure pas, je ressasse des cauchemars où je chute interminablement dans des précipices sans fin. Je m'isole dans la cour arrière en essayant de me remémorer les rois de France, Philippe le Hardi, Philippe Auguste, Philippe le Bel, Louis-Philippe, ou bien je trie des trèfles, cherchant ceux à quatre feuilles. J'ai adopté un arbre oblique où entre deux troncs et deux leçons on peut s'asseoir. Je pense à Jacquart, à Berger, à ma petite sœur Jeannette, aux bouquins que j'aurais dû emporter, quand soudain, j'aperçois mon père, mon papa, devant moi. Je suis ébloui et je ne sais pas si je rêve. Je rouvre les yeux et il est toujours là, il m'en donne la preuve puisqu'il m'annonce qu'il a rencontré les deux directeurs, le Parisien et le Normand, et qu'il n'y a plus qu'à faire ma valise, il me ramène à Paris. Je fonce avec allégresse dans ma chambre et sans regret laisse cette école hybride derrière moi.

C'est magique et c'est mon dernier souvenir impérissable de tête-à-tête avec mon père. Une heure après, nous sommes tous les deux à Port-en-Bessin, au bord de la mer et du remous inlassable des vagues. La Manche est moins torturée que la côte Atlantique. De l'horizon à l'écume qui lèche le sable, je bois des yeux l'avenir possible de grands voyages. Je ne peux évidemment prédire qu'ici même, sur ce rivage, sortira de ces flots et de la nuit la plus grande armada de l'Histoire, pour libérer la France. Et sur la plage de sable que je regarde, les corps des jeunes gens qui pour nous y laisseront leur vie. Il y en aura, des marées basses et des marées hautes, de ce début 1940 à juin 1944, et nul n'est devin, ni mon père ni moi, seule peut-être, allez savoir, cette vaguelette qui teste cette plage humide.

C'est un souvenir de bonheur, où nous sommes ensemble, assis à une terrasse de restaurant, avec moules et frites. Mon père, mon papa, commande une bouteille de cidre que je n'oublierai jamais, il me sourit et fait sauter le bouchon. Il remplit nos deux bols. Je n'ai jamais bu de cidre, c'est la première fois, il porte un toast, je l'imite, et dans le silence de nous deux, je savoure le plaisir inconnu de la boisson née de la pomme. Dehors, goût de liberté chevillé au corps, un peu grisé, à ses côtés je hume à pleins poumons l'air marin. Et depuis, quand me vient la soif de cidre, c'est ce rappel gorgé en moi de Port-en-Bessin et de cette phase hors temps de quelques bulles liquides qui me revient, le souvenir latent et jamais tout à fait posthume du sourire de mon père.

Débâcle

Tous les livres de prières brûlent. Tout s'écroule, tout s'effondre. Les boussoles ont perdu la raison. Plus rien ne résiste aux robots-stratèges de l'armée allemande. La Wehrmacht écrase Charlemagne. Poussière que l'hégémonie des Lumières. Dans quel ancien pays qui n'est plus le nôtre vivaient Molière et Voltaire ? Où est Jeanne d'Arc ? Et Maximilien Robespierre ? Où donc sont passés Gambetta et Clemenceau ? Si le génie militaire est l'uniforme vert-de-gris, ce mauvais génie procède d'une volonté de mainmise qui n'a pas de précédent. On se battait armée contre armée, mais pas contre ceux qui ne se battaient pas. La terre de France est spongieuse, une éponge humaine de civils mitraillés sur les routes qui descendent au sud. C'est la stupeur, un peuple transformé en gnome. Je suis dans la boue de cette histoire, j'ai quelque part, dans un os creux, une idée de patrie qui s'étripe dans le vide, et dans ma petite tête je n'ai plus qu'une heure avant de mourir au prochain bombardement.

Je partage tout avec René Berger, André Jacquart et les autres. Il y a un mois, pour mon anniversaire, on m'a offert un globe terrestre, nous avons regardé ensemble, les visages penchés, la carte des côtes scandinaves pour savoir où était Narvik. On était rassurés de savoir que la route du fer était coupée grâce à la Norvège. On imaginait même que l'une de nos armées passerait par le pôle Nord et que la flotte anglaise ferait la loi dans la Baltique. Nous avions des tactiques, comme s'il s'agissait de matchs, et en aucun cas n'envisagions ce désastre. Auparavant nous avions compris la théorie du IIIe Reich : le Danemark menaçait l'espace vital allemand, normal que le royaume du Danemark disparaisse, tant pis pour ce merveilleux peuple et les contes d'Andersen. Nous, nous sommes infiniment plus malicieux : on a fait la « drôle de guerre », on n'a pas bougé, c'est la consigne stratégique de l'État-major ; les Germains n'ont qu'à venir, la porte est ouverte.

« Rien à signaler », comme l'annonce chaque jour le communiqué officiel français. Renversement soudain, l'ennemi ne fait pas dans le détail. Les troupes allemandes entrent en Hollande, traversent la Belgique et foncent sur la France. Elles viennent pendre leur linge sur la ligne Maginot, il fallait y penser ! L'essentiel est d'avoir un général Gamelin qui court aussi vite en arrière que l'armée allemande avance. La panique est notre réponse à une supériorité militaire motorisée écrasante. En ce mois de mai de l'invasion de la France, celui qui écrit ici est englué dans un corridor patriotique et porte en lui le poids de ses interrogations enfantines et de la fièvre de la défaite. Que peut-on faire avec des lance-pierres contre le poitrail d'un char ? Avec une cocotte en papier peut-on lutter à armes égales contre la mitraille qui tombe du ciel ? Était-il inévitable que l'on perde ?

Où est mon père : je n'en sais rien, aucune idée. Il voulait s'enrôler en octobre, il a attendu sept mois qu'on lui réponde et, la fin mai se profilant, il vient de partir avec sa feuille de recrutement comme engagé volontaire. Il tente de rejoindre une armée polonaise reconstituée, sans savoir où elle se trouve, quelque part entre Niort et Manchester. Yeux fermés, il patauge sans doute dans les naseaux de l'exode avec des dizaines et des dizaines de milliers de chariots ou de voitures aux pneus cramés, bombardés par des avions italiens. La moitié de la population française, transformée en piétons de la déroute, est sur les chemins pour fuir à l'aveuglette les bottes de sept lieues allemandes. À part ça, je ne me souviens pas de grand-chose, sinon d'une évidence : je fais partie de l'immense désarroi en cours. Mai 1940 : j'ai l'impression d'une grande escroquerie.

Je porte une part de la blessure générale. Pour réagir, j'essaie d'écrire sur mon ardoise personnelle des mots comme *chaos*, *cauchemar* ou *cataclysme*. Ils n'exorcisent rien. Pour me sauver, je n'ai que l'Histoire de France. J'ai vu le jour dans ce pays et son Histoire est la mienne, comme si j'étais né au temps de Vercingétorix. Les jambes entravées, je repars en arrière, j'ai reçu le baptême de Clovis, des brandons de feu des bûchers de la Saint-Barthélemy, la poule au pot d'Henri IV, les droits de l'homme, Victor Hugo à Guernesey et la vaccination contre la rage. J'ai perdu la guerre de 1870, j'ai gagné celle de 1914. On nous a inculqué cet arbre généalogique ; je suis né sur ce sol, son jaillissement circule dans mon sang.

C'est peu dire que je suis dévasté. Pour les enfants que nous sommes, l'Histoire est au présent, la panique qui a saisi le peuple français se reflète en nous, et ce qui s'effondre dans nos cerveaux, c'est justement le mythe de la France. Son histoire morale et historique piétinée, toute ma génération – celle des onze-treize ans – la reçoit comme la plus insupportable des bombes, comme l'incitation à une tombe collective pour laquelle nous n'avons pas été préparés. Surtout, c'est la représentation du monde des adultes qui se déchire en nous, la confiance innée que l'on avait en eux. Intimement intériorisé, infériorisé, c'est leur legs qui en prend un coup. Merci pour l'héritage.

Aussi invraisemblable que cela puisse paraître, à contre-courant des événements, l'Instruction publique persévère. Le 11 juin 1940, ma mère m'habille plus solennellement que d'habitude – j'ai même, à titre exceptionnel, une petite cravate –, en écolier assidu de la rue du Grenier-sur-l'Eau. C'est le jour, qui devait être idéal, où je dois recevoir mon certificat d'études primaires. C'est raté pour le cérémonial. Ce document, je ne le sais pas encore, sera l'unique diplôme scolaire de mon existence. J'aurai tout juste le temps de rapporter cette relique précieuse à la maison, trois jours avant le 14 juin 1940, date à laquelle l'armée allemande, la Wehrmacht, pénètre dans Paris déclarée ville ouverte. L'Allemagne occupe la capitale historique de la France et s'empare de sa respiration.

Le quatrième matin, traumatisant ma mère, m'échappant sans l'avertir, je passe par les rues du Roi-de-Sicile, de la Verrerie, jusqu'au bas de la rue du Renard, où je m'immobilise. Je ne peux aller plus loin. Le jeune écolier que je suis alors a devant lui la perspective d'ensemble de la place de l'Hôtel-de-Ville quadrillée de guérites soldatesques allemandes. Sur la façade centrale du gouvernement municipal de Paris, débordant sur le parvis, flotte l'immensité d'un drapeau hitlérien rouge sang et la svastika noire de sa croix gammée. Face-à-face distant entre ce préadolescent et l'emblème ennemi. À jamais j'en garderai le choc.

Adieu rêveries

« Les hommes naissent libres, égaux en droit, sans distinction d'origine. » Avec André Jacquart, nous l'avions lu dans le catéchisme républicain, mais ce n'est qu'un ancien credo révolu. Le réflexe panique est celui de Panurge : « C'est le cœur serré que je vous dis de cesser le combat », nous admoneste un héros-naphtaline qui a bâti sa gloire sur les quatre cent mille morts des tranchées de Verdun. J'ai entendu sur ma vieille radio qui crache ses poumons l'appel du 17 juin du nouveau Premier ministre et futur chef de l'État ; la faillite, nous voici ! L'enfant Gabriel est lobotomisé, il assimile la règle du jeu, la force d'un côté, la faiblesse de l'autre, il se sent David. Que peut-il contre Goliath ? « Adieu, rêveries ! » pense-t-il.

Il ouvre grandes les fenêtres qui donnent sur la cour ; il fait beau comme ce n'est pas permis, un temps à aller à la piscine. Le jeune non-croyant interroge le ciel. Aucun nuage, ils sont en exode. Paris est une ville déserte de deux millions d'habitants. Dans le silence et le fracas, l'été 1940 sonne le glas. Le pays de France capitule. Était-ce inéluctable ? Le képi du maréchal recouvre la signature de l'armistice. En codicille, la fin de l'indépendance et sa sœur cadette, la reddition.

La France est devenue alémanique, une césure la partage en deux et je suis l'un de ses jeunes habitants au statut hybride. Figure non allégorique de la réalité, ce qui participait aux songes de l'inventivité et de l'insouciance s'effondre dans les sables de l'Occupation. L'anesthésie est générale. La tendance est à l'alignement, toutes les horloges ont été avancées d'une heure pour coïncider avec celle de Berlin ; la Finalorie et le Quovadis ont cessé d'exister. Je les range dans un tiroir. Dernier refuge, il ne reste plus que les îles Intérieures.

La pensée de l'époque est désormais tournée vers ce qui risque d'arriver demain. Comment moudre un avenir ? Je suis sans grande illusion, nos noms, celui de ma mère, de ma sœur, sont sûrement inscrits sur un registre anonyme. Je pressens que l'enfant que je suis va cesser d'être un enfant. Ne serait-ce que pour pallier le symbole du père absent. Je suis inapte à cet exercice, décroché de la société des adultes. Ma mère à l'atelier, je suis terré à domicile et chargé de descendre faire une queue de deux heures pour un litre de lait et des boîtes de conserve. Je commence à entendre parler des « Allemands corrects », de collaboration et d'Ordre nouveau. Je me débarrasse des mirages. Maintenant, je sais ce qu'est une vraie guerre. Il suffit d'être vaincu.

Une vie parallèle aurait-elle pu exister ? Aurions-nous pu en avoir une autre ? J'ai su, mais bien plus tardivement, par ma sœur, que nous avions été à deux doigts d'une autre destinée familiale. Retour en arrière : mon cher père, trente-cinq ans, transbahuté dans le déferlement de l'exode, a fini par aboutir à Toulouse. Il mettra quatre mois à en revenir. Au début, carence de nouvelles, inquiétude, et puis débats à distance entre nos deux parents. Mon père voudrait s'y établir, ayant rapidement trouvé refuge et travail chez un couple de bonnetiers pyrénéens, d'accord pour qu'il fasse venir les siens. Ma mère, devenue chef de famille, n'est guère favorable à cette suggestion. À Paris, il y a l'atelier, la clientèle. Réellement sceptique, elle conçoit mal la liquidation de l'appartement, sa braderie entre la zone allemande et la zone dite libre. Mon père y voit au contraire un sauvetage hors du territoire occupé. Peut-être imaginait-elle qu'il avait une attache féminine dans cette cité rose qu'il vantait avec exagération ? Il est bien probable que j'ai été l'un des enjeux du maintien de la cellule familiale à Paris puisqu'il y avait déjà des jalons sérieux pour que j'accède au collège Turgot. Mon père s'est rendu aux arguments de sa femme. Avec quelle conviction ? À travers méandres paperassiers et transactions ferroviaires, notre papa de retour à Paris a retrouvé son épouse, ses deux enfants, et partagé leur hiver.

Aujourd'hui, je me sens proche de ce jeune collégien qui, dès octobre 1940, se destinait à entrer dans le monde des études secondaires. Son cartable était béant de l'impatience d'accueillir les ouvrages de son nouvel horizon. J'aimais cette excitation, partagée par mes parents. Modestes artisans, ils ont fait l'impossible pour que leur fils accède à ce lieu si prestigieux pour eux. Impeccablement peigné pour un premier entretien, impressionné, je me suis forcé à avoir de l'assurance. Concernant mon avenir, j'ai répondu que j'aimerais être journaliste ou bibliothécaire. Ils avaient un dossier favorable transmis par le Grenier-sur-l'Eau et m'ont déclaré : « Pas de problème, section Lettres. » De retour à la maison, j'ai libéré un hurlement de bonheur et dansé avec ma mère.

Dès le premier mois, je me sens heureux au collège Turgot. Je m'y suis littéralement immergé dès que j'en ai franchi le seuil. Au départ, le programme donne la priorité à l'Antiquité ; je fais la connaissance de Socrate et de Diogène, sacrés personnages. Du premier, j'ai retenu une citation que j'ai tout de suite notée : « Je ne suis ni athénien, ni grec, mais un citoyen du monde. » Cela, quatre cent cinquante ans avant Jésus-Christ ! La comparaison est cruelle. Et j'ai apprécié le « Ôte-toi de mon soleil » du second, qui vivait dans un tonneau. Je vibre également aux leçons sur la naissance de l'écriture. Étonné du plaisir que j'en ai, je me sens chanceux d'être là, à me consacrer à mes études, en plein marasme du monde.

Mon entrée dans l'établissement de la rue de Turbigo a pourtant été assez rapidement perturbée. Non pas du fait de l'enseignement, mais pour des raisons fallacieuses. Tous debout, puis au même rythme tous assis, un Je-Ne-Sais-Qui, style proviseur ou pas, nous demande de décliner nos nom, prénom et ambitions, soi-disant pour faire connaissance. Cette présentation terminée, je deviens sa cible lorsque, reprenant mon nom – en le torturant –, il me demande : « Et vous voulez être journaliste où ? » Je n'ai pas su répondre, ou j'ai mal répondu, j'aurais dû parler d'Henri de Kérilis, ça ne m'est pas venu. Bégayant un peu, et pour m'en sortir, j'ai concédé qu'être bibliothécaire me plairait aussi. Je l'entends encore conclure sans explication que je ne suis certainement pas dans la bonne filière. J'ai rarement été aussi dépité.

Puis il annonce qu'il a une importante communication à nous transmettre. Il tend un double feuillet à celui qui vient tous les vendredis nous enseigner l'« esprit des lettres », celui qui nous évoque la naissance de l'écriture, en lui disant : « Assurez la suite, j'ai encore une quinzaine de classes qui m'attendent. » Je-Ne-Sais-Qui claque des talons, salue et sort. Le professeur se plonge un instant dans la lecture du texte. Silence interrogatif entre nous. Il nous annonce que ce document est destiné à tous les collèges de Paris, semble hésiter et se lance : « Sur ce feuillet, il y a sept noms qui concernent votre classe, je vais donc les désigner. » Il se lève, nous regarde comme s'il quêtait un par un nos visages. « Blumenfeld, Mendès, Gersztenkorn, Kuperman, Wajbrod, Touchinski, Wekstein. » Il y en a un que je n'entends pas, c'est le mien. Tous les nommés se sont levés, il cite à nouveau mon nom. L'émotion me paralyse, je me lève avec retard, saisi d'une sorte de brume. Le silence est impressionnant. Le professeur reprend sa lecture d'une voix impersonnelle : « Les intéressés sont informés qu'à dater de ce jour ils ne font plus partie de la section littéraire et seront avisés de la suite qui sera donnée à chacun d'entre eux. Conformément aux dispositions nouvelles s'appliquant aux élèves des lycées et collèges appartenant à la race juive. Cette mesure est immédiate. »

De-ci de-là les mâchoires se crispent, certains regardent voler des mouches absentes, un cartable tombe au sol et notre groupe sélectionné est hébété. Tous se taisent, peut-être entend-on un ricanement. L'enseignant baisse un instant la tête et reprend : « Maintenant, regardez bien vos camarades, pensez que d'ici quelques instants vous ne les reverrez plus parmi vous. Laissez-moi vous dire ceci : vous pourrez dire plus tard, quand vous aurez des enfants à votre tour, que vous avez assisté à cette honte, des élèves chassés à cause de leur origine, de leur religion, de leur identité. Et que cela a eu lieu en France. Vous pouvez vous lever pour leur départ. Une fois qu'ils seront sortis, vous pourrez vous rasseoir. Mais si possible, n'oubliez pas. »

Je fais comme Kuperman et Wekstein, je remplis machinalement mon cartable, mon voisin me tend une règle oubliée, sur le portemanteau je laisse mon tablier noir et reprends ma pèlerine. Juste avant de sortir, je me retourne vers la classe, debout devant mon passé, vers le professeur qui vient de parler. Dans le couloir, une quinzaine d'autres silhouettes sont regroupées. Une grande vitre nous sépare désormais de notre ancienne classe. Au lieu de s'asseoir, la plupart de nos anciens camarades se précipitent vers la vitre, s'y collent, souriant, agitant leurs mains. Il en est un qui nous tire la langue. Et nous, figés, nous les regardons, c'est tout ce que nous pouvons faire. Face à eux. Lentement, ils retournent s'asseoir, révélant des trouées au milieu de la classe, nos anciennes places.

J'ai gardé en tête le nom de ce professeur – je préfère d'ailleurs dire « cet homme » : Louis Descourtieux. Il me semble qu'il a écrit des livres de grammaire.

Recasé dans la section commerciale, je me suis résolu à la tenue de balance comptable, au débit et au crédit, à la gestion équilibrée et aux législations de toutes sortes. Je sortais par la petite porte secondaire, rue du Vertbois, et rentrais déprimé à l'atelier paternel tout proche. J'avais des chiffres au lieu des livres, des carrés au lieu de Racine, des totaux au lieu de Marivaux, des équilibres budgétaires sans avoir Musset. Je payais cher mes origines.

Le plus étrange, dans cette histoire, c'est que, vingt-cinq ans plus tard, en janvier 1965 pour être précis, je ne me suis pas rendu compte, en inaugurant le Théâtre de la Commune d'Aubervilliers avec *Andorra,* de l'auteur suisse Max Frisch, que c'était précisément ce sujet occulté que je mettais en scène.

Place Baudoyer

Un jour pareil aux autres. Un jour qui ne sera plus jamais semblable aux autres. Place Baudoyer. Qui était Baudoyer ? Non, ce n'est pas un général de Napoléon. D'ailleurs, ce n'est pas une personne, c'est le nom donné au Xe siècle à une trouée servant de porte dans une muraille. Il faut bien nommer les lieux, avec des noms qui puissent s'y accrocher et offrir l'aumône d'un souvenir. Comme celui d'un poignard triturant une tête d'enfant. Et qui fait toujours mal au témoin que je suis. Une fois à jamais.

Église-Police-Mairie cohabitent place Baudoyer, espace de ma vocation de lecteur où, l'eau à la bouche, je me ravitaille en Alphonse Daudet ou Edgar Poe à la bibliothèque municipale. À l'encoignure de la mairie, angle François-Miron, la porte discrète d'un commissariat de police est souvent sur ma route. Ce mercredi 14 mai 1941, il y règne dès l'aube une certaine agitation. Le printemps naissant racole un bout de soleil, ma mère et mon père se sont levés de bon matin, ils ouvrent la fenêtre. C'est la Saint-Mathias chez les chrétiens.

Adressée à mon père, une enveloppe est parvenue l'avant-veille, contenant une carte verdâtre – est-ce une convocation, sur l'instant je ne saurais le dire. Sous son apparence pimpante, de la couleur de l'espoir, cette formulation administrative est le vil prélude à un traquenard : « Vous êtes invité à vous présenter pour examen de situation, accompagné d'un membre de votre famille ou d'un ami. » Aujourd'hui il ne reste plus qu'à apprécier l'hypocrisie conviviale et délicate du mot « invité ». J'aurai ô combien le temps de disséquer son contenu et ses conséquences. Ce jour-là, naïvement – je sais que mon père s'est fait légalement recenser –, nous prenons cela pour un contrôle de papiers.

Enfermé dans ma chambre, je n'ai pas entendu ma mère revenir. Elle m'appelle. Je la découvre juchée sur un tabouret, tentant de descendre une valise du dessus de l'armoire. Indignée, elle me lance : « Ils ont gardé ton père. » Elle m'explique qu'il faut retourner au plus vite au poste de police de la place Baudoyer. Mon cœur, à hue et à dia, soudain galope de travers ; sentiment chez ma mère d'avoir été dupée quand le gendarme lui a assuré, en la séparant de son mari, qu'il doit momentanément rester à leur disposition, « histoire de vérifier certains points ». Il vaut mieux lui apporter quelques effets au commissariat, le temps qu'ils le retiennent – « quelques jours ». Elle ose espérer que c'est une formalité et se bat avec fébrilité contre le cadenas récalcitrant de la valise qu'elle a déposée sur la table.

Je saisis mal la situation. Avec ma sœur nous l'aidons. D'abord parer au plus pressé : il faut être rapides avec cette valise encore vide. Y mettre du linge de corps surtout, ne rien oublier, pyjama, pantalon, blouson, dentifrice. Ma mère ajoute du pain, ma sœur une bouteille d'eau minérale. C'est trop ? Pas assez ? J'ai une inspiration, je mets un cahier vierge avec un crayon pour qu'il puisse écrire. On ferme la valise. Puis ma mère la rouvre et avec précaution y dépose sa photo.

Retour au bâtiment habituellement dévolu aux flagrants délits. Une foule nombreuse y est canalisée par des barrières, nous faisons la queue une demi-heure, seule ma mère a le droit d'entrer, nous l'attendons. Une image me foudroie, six camions aux bâches relevées, comme autant de bouches ouvertes sur la place Baudoyer. Ma mère sort du commissariat le regard humide. Elle tangue et nous harponne, nous nous cramponnons sans un mot tous les trois. Et nous ne sommes pas seuls dans cette situation. Un escadron de gendarmes français vaque au milieu de notre assemblée et, dans le tohu-bohu de l'incompréhension, quatre-vingt-dix minutes plus tard, encadre les « invités » qui sortent du commissariat. Un cri immense, des yeux qui pleurent, des mains qui se tendent, des poings aussi. Et comment reconnaître dans cette cohorte un mari, un fils, un père ? Il me semble que le mien est l'un des derniers à être hissés dans le camion, et qu'il nous cherche du regard. Puis des bâches se referment sur lui. Sur nous.

C'est la première rafle française organisée sous l'égide d'un Commissariat général aux questions juives, un poste créé par le héros de Verdun et confié à un avocat antisémite, Xavier Vallat. Mon père vient d'être traité devant nous comme un délinquant. Ces trois milliers d'hommes, de dix-huit à quarante ans, ne sont finalement que des juifs étrangers, cela suffit, une cible sans protection. D'autres évoqueront des autobus, un gymnase à Japy, un voyage forcé à la gare d'Austerlitz où un train jaune les convoie gratuitement vers des camps de détention. Ce 14 mai 1941, mon esprit prend acte de l'arrachement, place Baudoyer, de trois milliers de familles, dont la mienne. La plaie est un ruisseau noir qui ne s'oublie pas. Les futurs internés de Pithiviers et de Beaune-la-Rolande y resteront enclos treize mois. Cobayes désignés pour ne pas en revenir, ils sont parmi les tout premiers à expérimenter la *Solution finale*. Ils inaugureront l'asphyxie et le Zyklon B. Mon père a fait partie des premiers élus pour payer de sa peau son innocence à Auschwitz.

La place Baudoyer est évacuée. Mais nombreux sont ceux qui persistent à y rester, quêtant un illusoire contrordre, dans le vain espoir d'un retour dans trois jours. Nous rentrons avec ma mère, l'entourant, l'aidant à parcourir les deux cents mètres de la rue François-Miron jusqu'à notre porte cochère. Et, sur ce court chemin, j'entends une vieille voisine qui nous croise, pauvre femme triomphante, lançant avec ostentation sa prophétie alimentaire : « Maintenant qu'on les embarque, on va enfin pouvoir augmenter nos rations. »

Paradis perdu

Muré, une loi d'un ciel obscur est tombée sur mon existence et sur mes études. En quoi suis-je devenu autre ? Je m'enferme, je me construis des cloisons. Si je sors, je suis désigné, je ressens le dédain de certains, et sur mon visage se devine que je souffre de la discrimination. C'est une période de l'Histoire où chacun a des problèmes, je garde les miens. Alors j'épluche les pommes de terre, je passe la serpillière, et à Turgot, temple du savoir, j'essuie les meubles. L'histoire, la géographie et l'actualité sont les seuls rails obsessionnels qui occupent ma pensée. Je suis un enfant de ce temps-là, penché sur l'atlas. Malgré moi, j'entreprends d'immenses périples pour suivre les événements, je fais pivoter mon globe terrestre et il s'arrête aux antipodes. L'Asie, le Pacifique souffrent avec terreur des agressions japonaises sur l'océan et le continent. Ils sont à Hong-Kong, à Singapour, en Indonésie. C'est une pensée planétaire, ce lointain n'est pas exotique, notre sort se joue aussi là-bas, notre destin est en suspens à l'autre bout du monde. Avec l'entrée en guerre des Américains, le conflit est devenu mondial. Adolf Hitler est insensé, il a déclaré la guerre aux États-Unis. Depuis l'arrestation de mon père, je vis tout cela avec intensité.

Le contexte familial n'est plus le même. À l'heure du dîner, la chaise paternelle inoccupée nous le rappelle. Une assiette vide symbolise la présence de mon père, le temps passant elle finit par rejoindre le buffet. Ma mère est de moins en moins présente et tente aux Tricots Gerar de pallier le départ forcé de son mari. Ma sœur a des quintes de pleurs. Pour ma part, je n'ai pas de copains, je ne veux pas en avoir. On est seul ou on n'est pas. Je joue loyalement aux échecs contre moi-même et m'arrange pour perdre. Plus d'horaires fixes. Il fait froid et on manque de charbon. J'ai du mal à quitter mon lit. J'écoute Radio Paris, c'est haine et propagande, je n'ouvre les oreilles qu'aux reportages des courses cyclistes. Émile Idée gagne toutes les compétitions, j'admire cette idole, le vent contre lui, le peloton à ses trousses. Je cherche une diversion dans le sport. Roland, le fils de la concierge, me prend en amitié. Il fait partie du Cuir olympique de Paris, un club d'athlétisme, et je cours avec lui deux fois par semaine sur les quais de l'île Saint-Louis. Il me trouve doué pour la course à pied. Je le surprends au sprint.

Finalement, adieu Turgot. Je ne suis plus collégien et je rejoins à pied l'atelier désormais maternel de la rue Saint-Martin. Je m'initie à varier sans cesse mes itinéraires, à imaginer des bifurcations, comme pour éviter qu'on me suive. Je privilégie des parcours en quinconce, les petites rues inattendues ou à double issue, Vieille-du-Temple, Francs-Bourgeois, Blancs-Manteaux, Vertus et Vertbois. Les flocons de l'hiver m'accompagnent, il fait blanc sous les chaussures et la neige craque.

Les Tricots Gerar ont droit à un gérant aryen, une nouvelle espèce commerciale parasite désignée par le Commissariat général aux questions juives. Ce géant, un rouquin équivoque qui s'appelle Hansard, ne sert à rien et s'est approprié la gestion de l'atelier rue Saint-Martin. Il laisse ma mère s'occuper de l'affaire avec l'oncle Joseph, du moment qu'il signe les factures et s'attribue le tiers des recettes. Il a placé un de ses neveux qu'il rétribue largement pour faire semblant de travailler. Ce collaborateur profite de quelques délations pour gérer cinq autres entreprises. Je l'aperçois de temps à autre, je trouve étrange qu'il ait quand même une bonne bouille. Il ne sait pas qu'il sera abattu à la Libération de Paris. Nous non plus. J'aide maman comme je peux, surtout pour les paquets à livrer, les courriers, la petite comptabilité : j'écris les adresses, fais les livraisons et les liaisons avec la Poste. Je couds aussi, je repasse, je ne suis pas doué, j'occupe mes mains et m'oublie dans les chiffres.

La principale activité familiale à la maison se concentre autour des colis adressés deux fois par semaine à mon père. On y met fébrilement notre affection, un peu de la culture gastronomique de maman. Ma mère glisse des lettres en yiddish dans les doublures. On est obligés de passer par le marché noir, les cartes d'alimentation étant maigrelettes. Avec Jeanne, nous pensons au plaisir que procureront à notre père nos marques de tendresse, et je me demande ce qui sera confisqué avant de lui parvenir. Une fois l'envoi ficelé, je dois surmonter une violente crispation quand j'écris le numéro du baraquement où il est enfermé, et en lettres majuscules le nom du camp : PITHIVIERS.

Je suis préposé aux courses, aux sur-place interminables pour accéder au pain, au lait, à la margarine ou aux topinambours et, les jours rarissimes où nous recevons nos vignettes alimentaires pour denrées précieuses, aux quatre-vingts grammes de viande et au sucre. C'est là que circule la rumeur. Dans la file d'attente d'une crémerie de la rue Saint-Antoine, j'entends pour la première fois une femme chuchoter à ses voisines qu'un général français a décidé de continuer la guerre à Londres. Des haussements d'épaules, des ricanements résignés lui répondent alors. Au début, j'ai pensé que c'était un pseudonyme : « De Gaulle », c'était trop beau…

Quand je lui en parle, ma mère est sceptique, elle ne croit plus, hélas, au messie. Ida, ma tante politologue, s'esclaffe et pronostique d'ici peu le débarquement allemand sur les côtes anglaises. De temps en temps, son mari débarque lui aussi chez nous et disparaît toujours rapidement. Il est clair que mon oncle Maurice ne la supporte plus, et s'il reste mystérieux sur son activité, il me martèle de n'écouter personne, me confie que les Allemands ne rentreront jamais à Moscou, même s'ils sont à ses portes : « Adolf Hitler finira comme Napoléon ! » Ses yeux rivés aux miens, il a l'air tellement convaincu que sa certitude m'accompagne comme une croyance.

J'ai découvert que je n'étais pas juif en allant voir l'exposition du Palais Berlitz. Je ne l'avais pas prémédité.

J'ai vu l'immense titre, *Le Juif et la France*, et l'affreuse caricature de l'affiche. Je sortais du métro Opéra, pas question évidemment d'y entrer, puis j'ai eu un coup de rage contre moi, je m'en suis voulu de ne pas oser. En ressortant, j'étais encore plus furieux. Je me suis dit : « Connais tes ennemis. » Je n'ai rien raconté à ma mère, du moins au début. Des enseignants y amenaient leur classe et je me suis mêlé à eux, mais finalement je n'y ai pas traîné. J'ai rapidement été gavé de toutes ces horreurs qui nous étaient attribuées. Nous étions représentés comme une araignée qui suçait le sang du globe terrestre. J'étais honteux d'être né, honteux d'être falsifié. Des graphiques, des statistiques prouvaient que j'étais plus ou moins banquier, responsable de la défaite, à la solde de Londres et de Moscou. Nous étions dès notre naissance le mal incarné, des escrocs, des parasites, des créatures de Satan. Surtout, l'exposition expliquait comment reconnaître un juif. C'était très simple, il était hideux. Un portrait-type géant nous le montrait. J'ai été stupéfait, je n'avais pas le nez crochu, les lèvres lippues, les yeux exorbités, les oreilles décollées. Si je n'étais pas juif, les juifs étaient malins de m'avoir enrôlé.

C'est la fin de l'année 1941. Je ne la regretterai pas, mais je ne l'oublierai jamais. S'il y a une année nouvelle, c'est qu'elle a eu la peau de la précédente. On ne galope jamais en arrière. Mais peut-on courir plus vite que l'avenir ? L'avenir, je ne le conçois plus, c'est une dimension opaque. Il m'arrive de penser que la priorité des priorités, c'est le présent qu'il faut défendre. Je me sens « marqué ». J'invente des proverbes, des évidences que j'oublie quand je veux les noter. J'apprends par cœur les stations de métro, ma sœur continue d'aller à l'école, on lui enseigne, comme à tous les élèves : « Maréchal, nous voilà/Devant toi, le sauveur de la France. » Et les moments de détente sont mélancoliques, quand les trois sœurs Myriam, Esther et Ida chantent en chœur : « J'attendrai le jour et la nuit/ J'attendrai toujours/ton retour… » de Rina Ketty, qui est sur toutes les lèvres des femmes en France, les mères des prisonniers de guerre, les épouses des hommes arrêtés, les fiancées et les futures veuves.

Ma préférence va de loin à certains dimanches après-midi quand, avec ma mère, nous décidons de nous offrir une séance de cinéma au Studio-Rivoli. Elle regarde les affiches et détaille le titre et les acteurs qu'elle aime. Elle adore les films qu'elle quitte le cœur exalté ou broyé. Elle en jubile d'avance, comme une jeune fille, et oublie les chagrins. Cette fois, le film est d'Abel Gance : *Paradis perdu*. Un couple est tragiquement séparé par la guerre ; elle en sort les yeux embués, reprenant à voix grave le leitmotiv de Lucienne Delyle, les paroles les plus simples du monde : « Rêves d'amour/bonheurs trop courts/Ô paradis perdu/Le cœur cherche sans cesse/L'écho de sa jeunesse/Et chaque amour/Est un retour/Au paradis perdu », qu'elle n'a cessé de fredonner des semaines et des semaines devant la machine à coudre ses souvenirs.

Catalepsie

Le printemps, qui tarde à revenir, se rapproche au fur et à mesure que le train s'achemine. Fin mars, le soleil n'insiste pas trop, juste quelques éclats pour se signaler à la vitre. Un chapelet d'étangs apparaît et disparaît au même rythme. Puis, bref arrêt, celui du cœur bien plus que celui de la locomotive qui stoppe sur le quai de la gare de Pithiviers. Un groupe d'une quinzaine de personnes descendues du même train et de générations diverses se constitue. Tous forment un cortège sans se concerter, ils ont compris sans se le dire qu'ils étaient ici pour les mêmes raisons. Le crissement alterné de nos pas scinde le silence à une centaine de verstes du camp d'internement. L'image rapprochée des baraquements nous freine, ne nous arrête pas. Ma mère et moi avons à la main l'autorisation de voir mon père. Derrière deux gendarmes, nous avançons avec plus de trac que de joie entre une haie rectiligne de hauts peupliers. Au détour de la route, nous apercevons avec plus de netteté une architecture de baraques derrière une succession de plusieurs prairies. Avant d'y parvenir se profilent devant nous des entrelacs de grillages barbelés.

Singularité d'une visite exceptionnelle, admise ce 29 mars, jour anniversaire de mon père. Savoir comment il va, comment il sera, accélère notrc rcspiration. Une fois franchis les fils de fer, en plein air il y a quelques tables, des gendarmes et l'obligation de leur présenter nos papiers, de subir la vérification des humbles paquets ouverts. Soupesés, le demi-poulet rôti, les œufs durs, la grappe de raisin, le gâteau palestinien, la paire de chaussettes et, après examen, confisqué le moindre livre. Ma mère, ses deux mains autour de mes épaules, s'est placée derrière la grille proche de la baraque numéro 4. Elle me colle contre sa poitrine, comme si elle avait prémédité la première vision que mon père aurait de nous.

Le portail en bois d'une des baraques délivre une quinzaine d'hommes. Je reconnais parmi eux celui que je n'ai plus vu depuis la mi-mai. Silhouettes d'internés extraites de la cage qui les enferme, pour un laps de temps bref. Ils nous cherchent, nous aperçoivent, certains courent, tandis que d'autres, pour qui l'instant est sacré, ont un pas plus lent. Face à face, ce grillage entre nous. Ce sont d'abord les yeux, avant que les mains se frôlent et se joignent. Ma mère pleure sans retenue. Mon père, vêtu d'une sorte de blouson fourré sans manches, d'un geste lui enjoint de sécher ses larmes. Il se penche, je ne perçois plus que la fixité de ses yeux qui dévorent mon visage, celui de son fils. Je demeure subjugué par la clarté bleue de son regard. Privé de mon père depuis neuf mois, je le redécouvre.

Un gradé moustachu entrouvre la grille et annonce à voix haute que les femmes vont pouvoir entrer. Les enfants attendront un peu. Réflexe administratif ou humain pour laisser un moment les couples ensemble ? Les visiteuses ont donc la permission de s'avancer dans une sorte de hall, ce que fait ma mère, les poings serrés. Nous restons, quelques enfants désorientés dans le pré, deux gamines arrachent une herbe rare, prévoyant sans doute d'en faire un bouquet. Le temps me paraît long. Enfin je vois ma mère ressortir. Je cours la rejoindre le plus rapidement possible et me retrouve, tremblant, blotti dans les bras de mon père.

Une heure plus tard, nous voilà sous des nuages frisés, une pluie fine sur notre cohorte disséminée qui prend en sens inverse le chemin de la gare, une voiture de gendarmes nous suivant. Les yeux fixés sur le bloc des baraquements qui s'éloigne, ma mère ne dit mot. Une des femmes mâche sa révolte à voix haute, psalmodie et hurle, toutes sont figées dans un dernier regard sur le camp d'internement de Pithiviers. Je retiens surtout un cri, entre « honte » et « humiliation », ces mots se multiplient, embrasent les esprits : « Ils sont là plus de mille innocents, et qu'ont-ils fait ? Rien ! Des non-coupables ! » Cette expression l'emporte, reprise en chœur par le groupe. « Non-coupables ! » La voiture klaxonne comme un avertissement. « Non-coupables ! » Et les femmes, les parents, les enfants reprennent le train, résignés et tête basse, s'éparpillant dans les wagons afin que chacun digère sa part de chagrin.

La vitre est mauve et mauvaise comme le soir. La vapeur de la locomotive est un essaim de crachats. Face à moi, ma mère muette, qui depuis une demi-heure me regarde sans me voir. Sans doute dans le compartiment depuis Orléans, un passager au visage austère, parapluie entre les jambes, lit le journal sur lequel est annoncé en gros caractères le retour au pouvoir de Pierre Laval à Vichy. Ma mère est toujours sans réaction devant moi. Quelque peu inquiet, j'insiste pour lui parler, pourvu qu'elle me réponde. Avec effort elle esquisse un sourire qui s'achève en grimace. J'ai une faim un peu idiote mais réelle ; mécaniquement elle tente d'ouvrir la valise à l'envers sur ses genoux, avec des mouvements désordonnés, veut dire quelques mots, n'y parvient pas, sa bouche se crispe, distendue, un peu tordue, et s'immobilise. Elle me fixe avec une lueur que je ne lui connais pas, comme atteinte de quelque chose d'irréparable qu'elle ne comprend pas, tente de porter ses deux mains, avec des gestes saccadés, à hauteur de visage, suspend subitement son geste, une tension en elle où l'effort qu'elle entreprend pour écarter son bras gauche ne parvient à aucun résultat. Puis tout va très vite, la valise tombe au sol, son visage se déforme, se décompose, lèvres de travers, dents anormalement serrées, les doigts tordus dans le vide. Écartelée, les bras rigides, elle ne bouge plus.

Complètement figée, les yeux grands ouverts, un masque défigure ma mère. Je sens la peur m'envahir, strate par strate. Une sorte de terreur me donne l'impression de réagir très lentement ; j'essaie de baisser ses bras raides, dressés, mais le voyageur inconnu m'en empêche, c'est dangereux. Une voisine lui verse de l'eau entre les dents, sans autre résultat que le liquide qui coule comme de la bave. Je tente de bouger ses jambes rigides comme du bois. Sa veste a glissé au sol, je la ramasse, pose ma tête sur ses genoux, peut-être me caressera-t-elle ? De tout ce que j'ai pu ressentir à travers ces années-là, c'est mon souvenir le plus insoutenable. Ma pauvre maman statufiée, transformée en arbre mort.

Je n'ai pas su présumer du contrecoup de ses retrouvailles avec mon père séquestré, ce choc en profondeur de son existence. Ce foudroiement par un éclair invisible émerge parfois dans mes rêves, revient me hanter comme une maladie de l'âme de mes treize ans. À côté, mes accidents, mes failles, les coups bas que l'on reçoit parfois, la dramatisation de certains comportements me sont souvent apparus indécents. Cette vision de détresse irrémédiable me confère une représentation du monde que je n'oublierai plus, la douleur de ma mère est devenue la douleur du monde. Le temps de l'immobilité maternelle éternisé.

À partir de ce moment, plus rien ne pourra m'arracher à ma mère, jusqu'à la fin du siècle qu'elle frôlera. En attendant, depuis la sonnette d'alarme, le train pour Paris est à l'arrêt sur un quai de gare à Fontainebleau. Le reste est flou. Trois personnes déposent ma mère fantomatique sur le quai. Je ne sais si je dois porter la valise ou pas. Je remonte la chercher, par la vitre j'aperçois le monsieur du compartiment qui me désigne avec son parapluie. Le contrôleur me ramène sur le quai, le train repart. Un infirmier, un médecin sorti de je ne sais où, une autre aide aussi, au-dessus du banc de pierre sur le quai, tiennent fermement ma mère toujours dans le même état. On lui administre une piqûre en même temps qu'on lui tient les mains et qu'on lui desserre les dents. Et, peu à peu, par secousses, elle retrouve son visage, ses membres guidés reprennent leur attitude naturelle. Ne sachant où elle est, hésitante, sans repères, elle respire un grand coup d'air frais et, au cri de « Maman ! » que je lui lance, soudain me fixe, sortie de son hypnose.

Nous sommes revenus au temps réel. Courtes palabres sur le quai. Le monsieur au parapluie n'a pas repris le train, il est resté avec nous. Ma mère me serre contre elle, la main sur mon visage, et n'a qu'une seule phrase monocorde et répétitive : « Mon pauvre fils, mon pauvre fils ! » Un nouveau train omnibus s'apprête à partir, nous y grimpons, aidés du contrôleur et de l'inconnu au parapluie. On me remet une enveloppe que je range précautionneusement dans ma poche, contenant une lettre-ordonnance signée par celui qui a fait la piqûre. C'est impératif, il faut qu'en arrivant j'emmène ma mère à l'hôpital Saint-Antoine.

À la gare de Paris-Austerlitz, ce monsieur avenant aide ma mère à marcher, nous met dans un taxi, me glisse un billet dans la paume et disparaît. J'ai à peine le temps de penser qu'il y a de tout sur terre, même de la bonté. Lorsque nous parvenons à la voûte d'entrée de l'hôpital, maman me résiste mais je la mène vers l'accueil. La crise de catalepsie a laissé des traces, on l'assoit dans une chaise roulante. Je reste à ses côtés, jusqu'à ce que l'on me mette dehors, une fois qu'elle est hospitalisée.

Permission

Profondeur de la nuit, les brumes occultées du passé battent la chamade. La vie qui n'en est plus une, où ma sœur et moi nous arc-boutons à ne plus savoir ce que sera le lendemain. Je suis l'aîné d'une famille dont le père est emprisonné et la mère hospitalisée, quasi infirme. Nous sommes, Jeanne et moi, deux postulants à un orphelinat dans le bunker d'un quatrième étage mal chauffé, où nous buvons du bouillon Kub et lapons des croûtons trempés dans du Viandox. Chaque jour qui se lève est un pari. Je cours auprès de ma mère alitée, atteinte d'une gangrène grandissante au coude, bleuâtre et sanguine, consécutive à des intraveineuses ratées. Ses trente-sept ans ont un pauvre sourire heureux quand j'apparais. Parfois, sous l'influence de je ne sais quelle drogue, elle s'endort, et sans remuer je lui tiens la main. Depuis quelques jours on est obligé de porter la nourriture à sa bouche. Sur elle pèse la menace qu'elle perde un bras. Je ne pleure pas, ça ne sert à rien.

« Docteur Brodaty. » Dans sa léthargie, ma mère chuchote ce nom. Je décide d'aller rue de Malte, derrière la place de la République, là où se trouve la salle d'attente de ce médecin qui avait un certain prestige et était notre médecin de famille. Sa clientèle partie, il me reçoit, je ne parviens pas bien à lui expliquer la raison de ma venue, je ne viens pas pour moi. J'évoque l'état de ma mère à l'hôpital Saint-Antoine, l'amputation prévue, j'en bégaie, lui détaille les événements du train du retour de Pithiviers. Il écoute sans rien dire, mais dès le lendemain, c'est bien sa silhouette que j'aperçois au chevet de ma mère. Et ce médecin élégant aux cheveux bouclés reviendra plusieurs fois lui rendre visite, elle qui le regarde comme si, finalement, le Messie s'était déplacé pour elle.

Il semble connaître celui qui dirige le service. Tous les deux penchés sur ma mère ont des apartés. Il refuse l'opération chirurgicale envisagée pour le bras, mais il en restera des séquelles. J'angoisse, il m'emmène à la cafétéria, veut que je mange devant lui et m'annonce tout de go une étrange nouvelle : mon père va venir à Paris avec une permission exceptionnelle de quelques jours. J'ouvre des yeux embués. Il me dit que c'est grâce au directeur de l'hôpital, mais moi je sais que c'est grâce à lui, sinon... Plus tard, j'apprendrai que notre médecin était également résistant, et qu'après-guerre il sera le professeur Brodaty.

Sous la pression des faits, les souvenirs peuvent certes subir des altérations, mais ma sortie de l'enfance me laisse des images nettes, fortes. Comme dans un nuage, mon père est venu vivre cinq ou six jours avec nous. Il doit arranger notre situation avant de retourner impérativement à Pithiviers. Ma sœur, bouleversée, qui l'adore, ne veut plus le quitter. Le destin joue parfois aux dés. Cette semaine irréelle va s'avérer décisive pour chacun d'entre nous. Il passe des heures avec sa femme, Myriam. Ébahie de revoir son mari, elle puise en elle une nouvelle envie de vivre. Et, surtout, il prend une décision déterminante pour ses deux enfants, celle de nous faire quitter immédiatement Paris.

Nous avons à peine le temps de réaliser que nous fermons nos valises, c'est presque sans délai que nous embrassons notre mère à Saint-Antoine, et que sans respirer nous nous retrouvons à la gare d'Austerlitz, toute proche. C'est la gare de tous les départs. Plus objets que sujets, Jeanne et moi sommes assis sur la banquette quelque peu moite d'un vieux compartiment. Notre père est là, à nous apaiser quant au côté pressé – je devrais dire oppressé – de cette séparation hâtive. On en admet l'urgence, mais pas à un tel paroxysme : être ainsi brutalement séparés les uns des autres, c'est douloureux. Mon père me remet deux enveloppes pour régler le premier mois. Jeanne et moi ne serons pas au même endroit. Et deux feuillets contenant des recommandations, des consignes pour les gens qui nous attendent à Montrichard, là où nous devons descendre du train. L'impératif essentiel, à retenir à tout prix, est que nous sommes des réfugiés alsaciens.

Ce départ au pied levé est incrusté dans ma mémoire fragilisée. Bientôt, mon père nous le promet, nous nous retrouverons, la campagne, c'est comme des vacances, et maman guérira vite. Il a même un argument d'un humour inattendu : « À Pithiviers, je ne serai pas loin de vous ! » Et cette guerre finira bien par se terminer. Je voudrais tellement le croire. Cet homme taciturne ne cesse de nous rassurer. Je suis obnubilé par sa main gauche, celle où il porte son alliance. Le manteau sombre boutonné, un châle beige masquant sa chemise, un chapeau marron assez chic que je ne lui connais pas, il quitte le compartiment pour le quai. Le bruit asthmatique du train se fait entendre. Nos visages à la vitre ouverte, nous le voyons subitement courir, agitant son chapeau de feutre vers le train qui part, nos pauvres bras tendus vers lui. La silhouette de mon père s'amenuise, s'estompe, disparaît, et soudain j'ai en moi la prescience que je ne le reverrai plus jamais. Et que peut-être lui aussi le sait.

Ce départ au pied levé hors de Paris nous a préservés des rafles massives de juillet que personne ne prévoyait. La promptitude paternelle nous a épargnés, a assuré notre survie. Maintenant, notre père doit prendre la même décision que pour ses deux enfants. Se l'appliquer à lui-même. Échapper à l'enfermement ou y retourner ? Être fidèle à sa parole ou, parjure, choisir la liberté ? Il ne sait pas encore quel choix sera le sien.

Essoufflé, dans le grand hall de la gare, l'homme est déchiré, la pression a été trop forte, il a craqué après notre départ. Il regarde tous ces trains qui partent, celui de Toulouse-la-rose, dont il se souvient. À l'hôpital, il est resté longtemps muet devant sa femme, un peu rassuré parce qu'elle allait mieux, il transcrit sur un carnet l'adresse précise de chacun des enfants à Monthou-sur-Bièvre, annonce à Myriam qui fait quelques pas avec lui que sa sœur Yolande et son beau-frère Joseph l'hébergeront à sa sortie de Saint-Antoine. Va-t-il repartir le lendemain à Pithiviers ? Il élude, qu'en pense-t-elle ? Elle élude aussi, se sent faible, marche lentement, n'ose plus l'influencer, elle doute du conseil qu'elle pourrait donner. Il n'évoque pas l'intervention véhémente de l'oncle rouge Maurice, qui l'adjurait la veille de ne pas retourner à son baraquement, le pressant de ne pas y remettre les pieds, certain que le pire de la discrimination était encore à venir, assurant qu'il avait une filière pour atteindre la zone non occupée et veillerait à ce que Myriam et les enfants le rejoignent plus tard.

L'homme n'a plus qu'une nuit pour décider. Cette nuit, cette dernière nuit peut-être à Paris, il veut la passer à l'atelier, n'être qu'avec lui-même. Orphelin des bobines et de ses écheveaux de laine, il vogue au milieu de ses machines à tricoter, de ce qu'il a édifié, de ce qui est le fruit de son obstination et de son travail. Il s'assied à la surjeteuse, la machine à coudre, et prend la place habituelle de sa femme, la met en marche, et au son coutumier essaie de résister à la boule qu'il a dans la gorge, se revoit sur les bords de la Vistule, embrassant Myriam sur le pont de Kerbedz, à dix-sept ans, pour la première fois. Cette fragilité, le bonheur qui en a découlé. Des images agglomèrent Varsovie, Berlin, Bruxelles, chez ses trois frères, Paris. Il ne s'est jamais pensé juif. Il n'a jamais cru être russe en naissant en 1904 dans l'empire du tsar. Et jamais il ne s'est revendiqué polonais. Être français, ça, il l'aurait bien voulu ; Gabriel et Jeanne le seront à sa place.

Pithiviers ou pas ? D'un côté, la rétention, de l'autre, la fuite. Se cacher en Ardèche ou en Corrèze, sans certitude, l'avenir est sombre partout. Il a du mal à en concevoir les avantages. Si dès le lendemain soir tombait le constat officiel de son absence, les représailles s'abattraient sur la baraque numéro 4, son responsable étant garant de son retour ; et le pire : des périls menaceraient immédiatement les siens. Il n'arrive pas à penser en priorité à sa propre peau, il n'a pas en lui l'urgence de la clandestinité. Il songe à ses deux enfants, se souvient comme il avait couru avec le petit Gabriel extrait de sous une voiture, la sensation qu'il en avait à son tour accouché dans sa course folle pour qu'il ne meure pas. Son fils lui échappe. Il est semblable à sa mère, des rêveurs tous les deux, mais les rêveurs ont l'art secret de franchir les obstacles, alors que les réalistes se fracassent le crâne contre l'évidence. Il songe à Jeanne qui trotte et danse dans sa tête. Il se grise un instant de parier sur la liberté et de vieillir avec eux.

L'homme, mon père, se consume dans le dilemme et se résout au petit jour. Il ne veut être la cause d'aucune incidence néfaste pour sa femme hospitalisée, ni pour ceux qui ont créé les conditions de sa permission, ni pour ses camarades internés. Il simplifie la complexité qui l'assaille en conception de l'honneur, même s'il en connaît la grande illusion. Cet homme déterminé a rempli son contrat pour sa femme et ses enfants, les a mis en sécurité. Le plus doux des rois est au plus clair de lui-même, fidèle à son destin commun avec les autres prisonniers. Il a donné sa parole, il retournera dans la baraque numéro 4. C'est ce qu'il a fait. La permission est terminée. Fin avril, il a repris sa valise. Et ce qui lui reste de chemin humain.

Monthou-sur-Bièvre

Le temps des pérégrinations débute par le nom d'une bourgade où ma mémoire défaille, transplantée dans un village de peu d'âmes, même si tout le monde en a une. Je n'ai nulle envie de sortir une carte, d'en chercher la géographie précise. Si je me concentre, ce village se remplit d'une route départementale qui le traverse, d'un chemin de sable sur sa droite, de deux ou trois maisonnettes maladroitement dissociées et, face à elles, de la tôle d'un hangar encombré de foin, de paille et de fourrages. Tout lieu étant pourvu d'un nom, le jeune citadin que je suis se retrouve à Monthou-sur-Bièvre, campagne et rivière aussi immobiles l'une que l'autre. C'est en plein conflit mondial un point imperceptible où il ne se passe rien. C'est sans doute pour cela que je m'y trouve ; je n'y verrai jamais aucun soldat. Exilé dans le calme, c'est la première fois que je suis à la campagne. Je vais y vivre plusieurs mois.

Il me semble que rien ne devrait en subsister, pourtant, ce havre oublié laisse certains neurones me chuchoter que cela a bel et bien existé, que, déstabilisé, je m'y suis adapté, que les girouettes sur les toits possédaient peut-être des réponses que je ne saisissais pas. La pluie y est oblique, le vent n'en fait qu'à sa tête. Je me laisse gagner par sa tranquillité qui apaise mon anxiété. Mais ce n'est qu'un faux-semblant, une quiétude relative. Avec mon béret, je suis comme une pie sur une branche fragile, j'attends que ça se termine, mais je ne sais pas comment. L'essentiel de mes journées consiste en heures passées sur ma chaise, en tête à tête avec ma logeuse, Mme Meunier, la maîtresse de maison. Je lui tiens compagnie, lui laissant dire ce qu'elle veut. Elle a tellement de rides qu'on ne voit plus son visage et elle trône au-dessus d'un alambic à café, qu'elle consomme à longueur de journée, distillé avec de l'orge ersatz et pimenté d'un peu d'ail. J'apprends à me taire. Dépaysé, étranger à cette vie où rien ne bouge, je prête ma présence à Monthou-sur-Bièvre. Je ne suis personne, c'est-à-dire qui on veut.

Ma logeuse m'apprend à nourrir les chats, je ne les vois jamais assouvis, ils savent l'heure où leur pâtée est prête : quatre assiettes dehors, ce qui n'a pas échappé aux autres chats du canton, qui se relaient. Leur passage réjouit Mme Meunier. Je veille avec scrupule à n'avoir aucune réaction visible en écoutant les nouvelles crachées par un poste que l'on allume uniquement pour savoir quel temps il fera. Même à Monthou-sur-Bièvre, des informations filtrent, pas toujours anodines, mais sans écho réel chez Mme Meunier, hormis lorsqu'elle loue le Maréchal d'avoir institué la Fête des mères – qui coïncide comme par hasard avec la Saint-Philippe. Je n'ose croire que cela a un rapport avec les pères que l'on arrête et que l'on enferme.

Les horaires des chats polarisent l'attention de mon hôtesse, ce qui réduit donc d'autant l'espace laissé à l'invasion de l'immense Russie par l'armée allemande. C'est au compte-gouttes que je perçois cet affrontement. Mais, surtout, j'ignore l'événement le plus important de ma jeune vie : mon père n'est plus à Pithiviers, si proche, il n'est même plus en France, il a été transféré dans un camp d'assassinat collectif. Et moi, hors du temps, j'ai en tête le *Notre Père* fredonné par Mme Meunier : « Donnez-nous notre pain quotidien, que votre règne arrive, que votre volonté soit faite sur la terre comme au ciel. » Je ne saurai rien non plus de la grande rafle du 16 juillet. Et l'enfer, c'est pour qui ?

J'ai pour fonction, évasion rare, d'aller chercher le pain à la boulangerie qui sent la miche chaude. J'adore le pain fantaisie et sur le retour je ne résiste absolument pas à l'envie d'en mordre la pointe croustillante. Je me fais gronder, c'est inévitable, et n'empêche, le lendemain je recommence, le quignon sous la dent. Le chef de famille ne dit rien, il ne dit jamais rien. Augustin Meunier est un ancien gendarme, la moustache comprise, et s'il ne parle pas, c'est que du pouvoir il n'en a aucun, sauf son couvre-chef, son képi de garde champêtre vacataire qu'il ne quitte jamais, même à table. Le fils de la maison, Jean, un taureau de onze ans, a pour distraction préférée la bagarre. Il s'exerce surtout sur moi, il est doué et je n'aime pas ça, mais c'est devenu une sorte de rituel où je finis par riposter. Et, à force d'empoignades sur un matelas, dans le jardin ou dans le foin, il me fixe un enjeu. Il s'agit de batailler au bord de la margelle du puits et de jeter l'autre dedans. Le gagnant sera le grand vainqueur. Le puits profond a refusé de faire l'arbitre.

Je profite des moments où l'on m'oublie pour me réfugier dans le grenier. Dans une vieille malle, je découvre des volumes défraîchis et délirants de *Fantômas*, je m'y plonge, je les savoure, c'est un bonheur sans fin – *Fantômas vole un métro* est diabolique ! Je parcours aussi une collection de magazines au papier couleur sépia, *L'Illustration*, qui débute à la fin de l'autre guerre. Les photos sont jaunies, remplies d'exploits aériens et d'épousailles princières, de conquêtes coloniales, d'un président de la République, Paul Deschanel, qui tombe du train en pyjama et erre de nuit sur la voie ferrée. Je ne me lasse pas d'en tourner les pages, consacrées à des découvertes scientifiques, des comptes rendus de spectacles et des modèles de peintre oubliés.

J'accompagne Augustin Meunier au chef-lieu de canton, Montrichard, avec toute une liste de courses élaborée par sa femme, que je dois contrôler selon elle, dont un baquet de braise, des anneaux pour un rideau et des attrape-mouches gluants. Je m'achète une petite revue de mots croisés. Augustin m'emmène à la gendarmerie voir ses anciens collègues, ils finissent tous dans un café autour d'une table cerclée de zinc. Il faut que je boive comme un Alsacien, alors je bois. Au retour, Mme Meunier me sermonne, comme si j'étais responsable de son mari.

La maîtresse de maison, qui me nourrit de rutabagas, de peaux de lapin, de soupe au potiron que j'aime bien et de tasses de son café ersatz, a pris une importante décision : faire de moi un petit catholique. Elle essaie de me tirer les vers du nez, elle a découvert, alors que je sortais de ma douche, que j'étais circoncis. Je lui ai dit que Jésus aussi. Elle est restée perplexe. Elle a interrogé le curé, qui à sa grande surprise lui a répondu que c'était sans doute vrai. Elle veut néanmoins en savoir plus : ai-je déjà été dans une synagogue ? Je me récrie avec une sincérité folle : « Jamais ! », ce qui n'est pas un mensonge puisque je n'y ai jamais mis les pieds. Elle est ébranlée, et sans changer de ton, je lui demande d'une voix innocente, plantant mon regard dans le sien :

— C'est quoi, une synagogue ?

Elle bafouille en parlant de l'église des juifs, je lui répète que ma mère est protestante.

— Ça veut dire quoi ?

Je lui réponds que ça veut dire que ma mère proteste.

— Proteste contre qui ?

Je me remémore ce que j'ai appris à l'école :

— Elle proteste contre la révocation de l'édit de Nantes par Louis XIV.

Pauvre maman, si elle savait ça…

Troublée et survoltée après deux verres de vin, elle s'inquiète de mon salut éternel. Question de vie ou de mort, elle s'est mis en tête de m'affilier à l'Église catholique universelle. J'ai bien cru l'être trois semaines, j'ai sanctifié ce dieu qui était celui de la bonté, de la bienveillance – ce qui manquait le plus sur terre, j'en étais ô combien d'accord. Que son règne apporte la paix et que Satan, la cruauté et la violence disparaissent. Elle me faisait lire des passages du Nouveau Testament. La foi se serait peut-être introduite en moi, j'étais comme tous les adolescents, solitaire en plus, à la recherche d'un principe spirituel supérieur. Avec tout le café à l'ail que je buvais du matin au soir je ne dormais pas, je réfléchissais, je faisais les signes de la prière – il devait y avoir des gestes qui fonctionnaient, s'ils étaient bien faits. Dieu devait nous reconnaître. Le dimanche, j'étais à ses côtés à l'église, même si je m'y ennuyais, regardant le vitrail, mais je faisais réellement un effort, non pour la conversion, mais pour trouver un apaisement.

Puis tout s'est écroulé d'un seul coup. Je trouvais prodigieuse l'idée de la vie éternelle, c'était la plus belle trouvaille de la chrétienté. Et patatras sur ma candeur : quand j'ai su qu'au Jugement dernier tous les hommes ressusciteraient, ce qui au fond me convenait, j'étais en même temps indigné d'apprendre que chaque être retrouverait son corps tel qu'il l'avait quitté de son vivant. Scandalisé au-delà de tout qu'un bossu, un aveugle, un vieillard paralysé ou un Adolf comme Hitler soient de nouveau conformes à ce qu'ils étaient auparavant. Consterné de cette prophétie pour la fin des temps aux contours discutables, je me suis détourné de la foi apostolique, au grand dam de Mme Meunier.

Si, à Monthou-sur-Bièvre, j'ai buté sur Dieu et sur toute autre mystique, c'est qu'à quatorze ans l'idée d'avenir m'est devenue peu à peu imperceptible. Ni école, ni famille, ni liberté, l'improbabilité d'une issue, le flou d'une suite quelconque font leur chemin en moi. Difficile de vivre sans horizon. Coincé dans le mutisme et la solitude, je vis au jour le jour, ramassant des œufs, épluchant des pommes de terre, coupant du bois, portant le baquet de linge au lavoir, seul garçon au milieu de toutes ces femmes. Je vis en étranger le rapport avec mon corps, le vide s'installe de plus en plus en moi.

Les journées les plus pénibles, les plus insupportables sont celles où sous un soleil dément nous allons aux champs arracher les betteraves. Elles sont coriaces, se courber pour les extraire du sol est une souffrance physique, j'en ai le souffle coupé et les reins malades. Pendant la préparation ou les moments de pause, Mme Meunier et son chapeau de paille, ses jupons de chiffonnière, les galettes de pomme de terre qu'elle sort de son cabas et ses partenaires féminines jouent à la belote et s'insultent pour un dix de der. Parmi elles, Mme Veuf, une femme un peu plus aristocratique, aux yeux en amande, les cheveux bouclés, que sa fille vient chercher. Leurs silhouettes repartent ensemble en vélo.

Comme j'aime m'isoler, me mettre à l'écart, une vieille revue et les mots croisés suffisent à mon plaisir. Du moins, je le crois, puisque je suis sereinement assis sur une borne. Erreur, sur ce chemin passe la petite reine des écolières juchée sur sa bicyclette, Jacqueline Veuf, qui ne doit pas être loin de ses treize ans, sémillante dans une robe frangée courte, orange, qui, lorsqu'elle pédale, dévoile ses jambes, entourée de deux ou trois de ses soupirants. D'après Jean, les garçons se battent tous pour sortir avec cette fille. En passant devant ma borne, son rire et son babil augmentent, et je fais semblant de ne pas la voir. Cela recommence deux ou trois fois, je suis irrité et désireux de l'apercevoir. Quelques jours après les harassantes betteraves, j'ai repris ma place sur cette borne blanche, lorsque je vois une bicyclette dévaler la pente et freiner brusquement sur la pierraille du chemin, les roues crissent en même temps qu'elle s'arrête devant moi. Le jeune garçon, le crayon et les mots croisés, tout s'arrête devant la demoiselle Jacqueline Veuf. Un pied au sol, elle m'interpelle :

— Pourquoi tu ne me parles jamais ? Je te fais peur ?

Étonné, ne m'y attendant pas, je balbutie avec maladresse :

— Tu es toujours très entourée !

Elle me contemple de ses yeux gris perle qui me subjuguent.

— Pourquoi ? Tu veux me voir toute seule ?

Cette réplique est mon premier événement féminin. Elle continue :

— Je suis toute seule, là…

Silence.

Elle entortille de son index l'une de ses mèches. Elle est d'une fraîcheur folle, mince, les jambes nues, un regard qui s'amuse, avec des arrière-plans où je perçois une chute interminable. Elle fait les demandes et les réponses :

— Bon, j'ai pas le temps. Mercredi prochain, même heure, je serai toute seule.

Elle repart avec sa bicyclette, le temps de se retourner et de déclarer avec un grand sourire :

— Tu me diras tes secrets parisiens…

Et la belle coqueluche disparaît dans le virage.

Je ne serai jamais au rendez-vous de Jacqueline Veuf, malgré les affres et les tentations qu'elle représente. Une lettre, le lendemain, change tous les plans : ma mère a été avertie par la mairie de Monthou-sur-Bièvre, un bureau en brique de quelques mètres carrés, que Mme Meunier m'y avait déclaré après avoir reçu une circulaire exigeant d'informer les autorités, dans un délai d'une semaine, de l'arrivée de jeunes réfugiés d'origine douteuse. Je me suis senti mal à l'aise, trahi par cette femme. Ma mère lui écrivit de son côté pour la remercier vivement, lui dire que j'avais été très content de ce séjour, mais qu'il fallait que je reprenne le collège pour début septembre.

À la tournée suivante du facteur, ma mère expédie deux billets de retour, pour ma sœur et moi, accompagnés d'un plan de la gare d'Austerlitz pour rejoindre un nouveau lieu à Fontenay-sous-Bois. Ma sœur jubile. Je me tais devant Mme Meunier, mais je regrette de quitter Monthou, nous étions loin des ennuis. Et j'avais une autre raison : comme un bouchon flottant je me remets de ce changement, mais le dimanche, je fais un dernier tour plutôt nostalgique aux alentours de la Bièvre, espérant revoir l'amazone aux jambes nues.

Inachevé

L'inachevé d'un songe, j'y reviens, j'y retourne. Je suis molesté, pris à la gorge, au cœur d'un déchaînement d'êtres et de chiens, d'uniformes et de hurlements. J'ai dû tomber sur un genou, je me suis éraflé, un poing est tombé sur la figure d'un voisin. Il pleut, il pleure, et je cours malgré les deux nuits noires où je n'ai pu dormir dans le wagon cahotant, nauséabond. C'est surtout la respiration, l'anomalie du souffle, la sensation d'être cisaillé, le poumon détraqué, la gorge anormalement sèche qui me brûlent.

Je suis traqué au cœur de l'enfer, là où je n'ai jamais été, là où il n'est plus d'autre distance que celle de mon père avec lui-même. Un de ses yeux est purulent, une maudite escarbille qui le rend à demi borgne. Immensité du silence, transfert de tohu-bohu, de sifflements, de chenils, une sirène s'est emparée de mes oreilles, on nous sépare des femmes, on leur arrache des enfants et je ne sais plus le sens de ce qui arrive. Même plus le temps de penser. Les vieillards d'un côté, les mains sur la tête. On les embarque. Priorité aux nurserys de la mort.

Des uniformes verts nous encadrent, nous regroupent et mon père qui n'a plus sa valise, petite et absurde, cherche un mouchoir dans une poche qui se dérobe. Il voudrait se concentrer, avoir un minimum de recul, ce qui fait qu'un être est humain, même imaginer qu'il a perpétré lui-même ce cauchemar et qu'il va se réveiller subitement. Non, c'est le pire qui vient tandis qu'avec des dizaines d'autres on les parque, et qu'il n'a plus qu'une chaussure, que le sol est un bourbier, qu'il barbote dans des mottes de terre glauques, qu'il est le plus petit de son groupe et qu'une badine se dirige sur lui et s'abat d'un coup sur son visage. Les vautours prêts à le dépecer sont tous des robots. Une chienne gradée l'observe, prête à bondir sur lui. Il ne perçoit plus d'avenir.

Le Chant de la rampe, le Chant du mur noir, le Chant du phénol B, le Chant des fours crématoires : le découpage de la partition hallucinée et méticuleuse de *L'Instruction*, sous-titrée *Procès-verbal en forme d'oratorio*, de Peter Weiss, jouée dans dix pays et que j'ai mise en scène au Théâtre de la Commune à Aubervilliers, avec mes dix-huit interprètes, mêlant victimes et bourreaux, quinze ans avant que naisse le terme de « Shoah », est sans doute aussi éphémère que peut l'être le théâtre, même si dix-huit mille spectateurs se sont retrouvés dans les années 1970 autour de ce qui a alors été le pic de ce qu'on a appelé le « théâtre-document ». Demeure une résonance tapie en moi comme un scalpel. Je l'ai fait pour celui qui m'a été arraché.

Car rien, rien ne peut effacer mes propres images errantes, dans lesquelles mon père, Pejsach Gersztenkorn, se confond dans un amas d'êtres morts avec ceux qui vont le conduire à l'extinction. Justement parce qu'il porte ce nom. Et que la première forme de la torture est le harcèlement visant les origines, et que la cible désignée pour être pulvérisée s'inscrit alors entre la destruction intime et l'annihilation massive. Et au-delà, pour protocole officiel et faire-part, *La Solution finale.*

En deçà, la terre brûle de quelque chose d'innombrable. Tous déshabillés, ils sont là, autour de lui, comme une caste, il n'a plus d'âge et ils sont tous chauves. Alors qu'il est nu, il se souvient qu'à lui seul il était un royaume corporel attendant sa reine. Il ose sourire en pensant à elle tandis que l'eau chimique au-dessus de lui bouillonne. Tout ce long voyage d'une vie, tout ce long voyage de déjection, qui démarre dans une sous-préfecture française du Loiret, pour finir là où il est né. Il regarde autour de lui ses compagnons de nudité, humiliés, et dont il ne reste en ultime façade que la peau. Encore une respiration, sans doute la dernière, il pense que la vie est un secret de quelques secondes, qu'il n'y a pas de mystère, qu'il n'y a que des trappes. Il cherche sa dernière pensée, quelques mots cheminent, qui le traversent : « J'ai un quelque chose qui veut exister. » Il attend une réponse. Sous la douche, il deviendra propre. Comme un morceau de savon.

Au même moment, inachevé quelque part, la chair à vif sous les orties, le cul sur l'herbe humide, entre treize et quatorze ans, je suis quelque part en France, dans le Loir-et-Cher, à Monthou-sur-Bièvre. La vie est une bagatelle, je pense à Jacqueline Veuf.

Myriam

C'était une journée pleine de contrariétés. Joseph, son beau-frère, accaparé par l'état de santé de sa femme, n'était pas venu travailler, laissant ma mère seule à l'atelier. La commande des écheveaux qu'elle attendait n'avait été livrée qu'en fin d'après-midi. La chaleur de cette mi-juillet ralentissait ses pas, elle s'était juré d'acheter une paire de bas et des jarretelles, mais n'était pas d'humeur, avait évité de prendre le métro – être contrainte au dernier wagon la révulsait. Descendant la rue Beaubourg à pied après les Arts-et-Métiers, bifurquant par la rue Rambuteau, elle s'arrêta au marché pour acheter du raisin, en croquer et s'hydrater de ses grains rafraîchissants. Une femme enceinte lui demanda où se trouvait la rue Simon-le-Franc, elle n'en savait rien, ce qui lui valut un regard mauvais de la demandeuse louchant sur son étoile jaune. Devant le Bazar de l'Hôtel de Ville qui déversait sa dernière clientèle, elle pensa qu'elle n'avait pas grand-chose chez elle. Sa robe gris perle lui collait à la peau. Elle avait perdu tout appétit, faillit acheter des endives, y renonça, huma l'odeur de frites chaudes venant de l'échoppe à deux pas de chez elle, se dit que tremper ses pieds dans une bassine d'eau froide lui ferait du bien.

Elle savait qu'elle devait rendre visite à la concierge et s'acquitter des deux cent vingt-quatre francs du loyer trimestriel. Le 15 juillet, on n'échappe pas à ce rituel. La concierge semblait l'attendre. Une fois dans la loge, échange habituel de la quittance et de l'argent. Lui proposant de grappiller un peu de raisin, elle nota la fixité du regard de sa logeuse, qui détachait deux ou trois grains sans la quitter des yeux. Elle se sentait impersonnelle. Songeant aux quatre étages et à l'appartement sans mari et sans enfants, elle la salua d'un sourire, puis ressortit. À peine dans la cour, Mme Garnier, ne refermant pas sa porte, la rappela un peu bizarrement, et avec autorité lui demanda : « Madame Marie, revenez, j'ai quelque chose à vous dire. » Obéissante, elle se retrouva devant la concierge, qui se tut un instant et rompit le silence d'un ton bref, en relevant la tête avec un regard plus aigu que d'habitude : « Ne dormez pas chez vous ce soir. » Et, poursuivant : « Madame Marie, vous êtes ma locataire depuis six ans, je ne le dirai pas aux autres. » Puis, infléchissant sa voix, avec une certaine complicité allusive : « Je vous le répète, ce soir, madame Marie, ne dormez pas chez vous ! » Elle ajouta entre ses dents, avant de refermer sa loge : « Je ne vous ai rien dit. » Ma mère bredouilla. Dans le vide.

Dans l'escalier, elle s'arrêta un moment, méditant les paroles de la concierge. Elle parvint mécaniquement devant la porte de l'appartement, se débarrassa de ses chaussures, ouvrit le buffet où un coquetier et deux œufs s'ennuyaient, alluma la radio. Tout ce qu'elle entendit, c'était la prise par les Allemands de Rostov et de Voronej, l'avance vers la Volga et le pétrole du Caucase en ligne de mire. Elle ne se faisait hélas guère d'illusions. Mordillant machinalement ce qui restait de la grappe de raisin, elle se convainquit qu'elle devait réagir. Elle avait tendance à considérer Mme Garnier comme un personnage double, mais elles s'étaient toujours respectées et elle savait qu'elle avait un beau-frère à la Préfecture de police. Elle était un peu fataliste depuis que mon père n'était plus à Pithiviers. Elle connaissait par cœur sa dernière lettre du 24 juin : « Ce jour, ma chérie, est le plus pénible de ma vie, les Allemands ont décidé notre départ, nous sommes un millier et nous faisons nos valises. Destination inconnue. » Il fallait qu'elle lutte contre elle-même. C'est là que surgit dans son esprit et dans son cœur battant la pensée de Jeannette et de Gabriel, exigeant qu'elle agisse. Il lui parut alors impensable d'attendre tranquillement jusqu'au matin.

Le reste échappe à tout commentaire. Ressortir : impossible pour elle avec le couvre-feu. Il était déjà 21 h 30. La voisine du dessous en vacances, il ne restait qu'une seule issue. Elle se brossa les dents, prit sa veste noire, celle qui la rendait élégante, son sac à main qu'elle allait oublier, éteignit la lumière, referma à clef, descendit discrètement jusqu'au premier étage. Sur le palier, elle frappa à une porte, une fois, deux fois. En vain.

Il lui sembla que celle qui y vivait avait des problèmes auditifs. Elle ne connaissait pas cette locataire, juste croisée de-ci de-là, et dans la cave partagée deux ans auparavant, pendant les alertes. Pas de sonnette.

Elle tapa à nouveau contre le bois de la porte. Elle craignait de faire du bruit et finit, anxieuse, par y mettre toute son énergie. Il fallait que, comme Sésame, cette porte s'ouvre à tout prix. C'était trop aléatoire. Elle en devint hargneuse, perçut un grognement et le battement de quelques pas. Elle lança :

— Madame Aubrane, il faut absolument que je vous parle.

Elle répéta : « Absolument ! » Le silence qui suivit lui fit perdre toute retenue et elle cogna. Son bras gauche lui faisait toujours mal. N'en pouvant plus, elle s'arrêta. Elle perçut derrière la paroi l'indécision qu'il devait y avoir chez cette personne âgée, solitaire, et discerna une voix glapissante, craintive :

— Qu'est-ce qu'il y a ? Qui êtes-vous ? Qu'est-ce que vous me voulez ?

Ma mère s'entendit répondre :

— Ouvrez d'abord la porte, laissez-moi entrer, je vous le dirai !

— Non, non, je n'ouvrirai pas !

Des deux femmes, laquelle était la plus paniquée ?

— Madame, vous n'avez pas le choix, dit-elle en heurtant à nouveau la porte.

— Et pourquoi je vous ouvrirais ?

Ne voulant pas s'éterniser, commençant à perdre pied, la peur au ventre, optant pour une part de vérité, Myriam, collée contre la paroi de cette porte, éleva la voix :

— À cause de la police qui va venir !

Une question qu'elle n'attendait pas lui parvint :

— Vous êtes de la police ?

Ma chère mère, aux abois, sans réfléchir, entrevoyant une solution dans cette absurdité, frappant un grand coup, explosa :

— Oui, je suis envoyée par la police ! Ouvrez, s'il vous plaît…

Une sorte d'entracte insolite, un glissement de clef dans la serrure, un visage apeuré dans l'entrebâillement de la porte ; ma mère, si timide, gouvernée par l'urgence, profitant de l'ouverture, y glissa son pied, poussa cette porte, la claqua derrière elle, et, forçant le destin, s'introduisit dans la demeure.

Mme Aubrane, pas loin de soixante-dix ans, alarmée, crispée sur sa canne, et face à elle, ma mère, ahurie par son irruption réussie, barrant la porte. Il n'y eut entre elles qu'une longue nuit interminable, en désaccord et sans négociation, et à chaque seconde un fossé de plus entre deux refus. Pour Myriam, qui a réussi à pénétrer dans cet abri, même inhospitalier, c'est une victoire. Elle est broyée par une pensée unique, la survie. Elle ne sait strictement rien de cette voisine du premier étage. Une odeur de ranci règne dans cet appartement. Mariée ? Veuve ? Des enfants ? Sa vie ? Toute ridée, elle n'a pas d'âge. Accrochée à sa canne, la vieille dame furieuse ne peut s'en servir pour se défendre sans perdre l'équilibre. Elle vitupère, lui enjoint de sortir. Ma mère, au contraire, verrouille la porte. Elle est consciente de son intrusion, elle en mesure l'enjeu, portée par une idée fixe : demeurer jusqu'au lendemain. Elle ne se reconnaît pas, voudrait lui parler normalement, implorer sa compréhension, elle s'approche de la femme en chemise de nuit, les cheveux gris en désordre, qui recule, bute contre un canapé rouge affadi par le temps et finit assise, les épaules rentrées, quand ma mère prend une chaise et s'assoit juste en face d'elle.

Deux blocs de défiance réciproque qui ne se lâchent pas du regard, se taisent jusqu'au moment où ma mère explique qu'elle ne lui veut pas de mal, qu'elle est là parce qu'elle a perdu ses clefs et qu'avec le couvre-feu il lui est interdit d'être dehors. Trop de rancœur chez la vieille dame, et puis la croit-elle ? Elle n'a qu'une préoccupation à l'esprit : savoir si elle est juive. Un signe de tête le lui confirme, ce qui engendre un âpre commentaire : « Vous êtes venue pour me voler ? » Je crois que ma mère garde son sang-froid, hausse les épaules, arrive même à en rire, des ciseaux dans la gorge. La vieille l'imite avec retard, hausse également les épaules, sans que Myriam comprenne si elle la caricature ou abonde en son sens. Il ne reste qu'une méfiance mutuelle. Mme Aubrane commence malgré tout à s'enliser, à somnoler. Invitée par ma mère à rejoindre son lit, dodelinant, elle refuse de quitter sa place et finit par s'affaisser dans le sommeil.

Minuit sonne, douze fois, interminablement, à l'église Saint-Gervais. Décidée à s'allonger, ma mère pénètre dans la chambre à coucher pour y récupérer une couverture. Un ovale d'adolescente sur le mur, une statuette du maréchal Lyautey, un bassin d'urinoir et une odeur médicinale résument le lieu. Elle secoue un dessus-de-lit, un chat noir en dégringole brutalement. De retour dans la pièce principale, elle se case comme elle peut dans un fauteuil au velours fatigué. Le chat l'a suivie en se heurtant aux meubles.

Elle caresse cet animal aux yeux obstinément fermés, qui semble encore plus âgé que sa maîtresse. Myriam éteint la lumière qui pourrait paraître suspecte. Elle se recroqueville sous la couverture, veille à ne pas s'endormir, le chat centenaire aveugle sur les genoux.

C'est un miaulement effrayé – effrayant – qui rompt leur sommeil. Un tohu-bohu agite la cour, une escouade d'agents de police et de civils avec des torches dirigées vers les fenêtres, les pavés de la cour s'allument, des coups de gueule et des sifflets résonnent. Myriam, debout, frémit, ne bouge pas, surveillant la maîtresse du logis, qui, mal réveillée, met un moment à reprendre ses esprits, se redresse et tente, appuyée sur sa canne, de s'approcher de la fenêtre et des volets. Ma mère l'agrippe, lui demande ce qu'elle compte faire. La vieille, excitée et victorieuse, en tremble, elle jappe :

— Leur dire que vous êtes là !

Ma mère, qui ne veut pas croire à cette délation :

— Vraiment ?

La ruée bruyante des gendarmes de l'aube, il est cinq heures du matin, le martèlement des pas sur les marches, leur ascension dans l'escalier vers les étages supérieurs figent les deux femmes du premier étage. Myriam vient de retirer sa canne à cette voisine qui l'a accueillie malgré elle ; elle vacille et ma mère, en la retenant, de but en blanc lui demande son prénom. Décontenancée, la vieille lâche :

— Denise.

— Moi, c'est Marie, répond Myriam. Madame Denise, je vais aller ouvrir et dire que c'est vous qui m'avez proposé de me réfugier chez vous, si c'est ce que vous voulez !

Début d'effroi chez la vieille femme, il n'y aura jamais de réponse. Des escaliers jaillissent des cris, des heurts, des hurlements féminins, des pleurs d'enfants, des bruits de corps bousculés qui chutent et sont traînés jusque dans la cour.

— Ce sont les Fiszbin ! dit ma mère

— Oui, répond Mme Aubrane, bouche bée.

Ce sont les locataires du dessus, qu'elle connaît bien, une famille nombreuse tirée du lit, embarquée de force par la police parisienne. Une voix sonore, lancée d'une fenêtre du dernier palier, gueule : « Il n y a personne au quatrième ! » Un peu plus tard, collée derrière le volet, ma mère entend la concierge interrogée : « Ça fait trois nuits que je ne la vois pas, je ne sais pas comment elle vit, celle-là ! » L'un des garçons Fiszbin se débat, hurle, son cri diminue quand, cogné, ceinturé, les mains derrière le dos, il est jeté à l'extérieur. Deux autres familles sont extraites de l'escalier B, un couple inconnu et une mère et ses jumelles bousculées hors de l'immeuble. Les lumières de la cour s'éparpillent et s'éteignent.

Ma mère est prostrée. Hébétée, elle n'est que souffrance, le ventre en charpie, la respiration perturbée, sa conscience détraquée. Spectre d'une mort frôlée. Le fleuve humain n'est plus le même. Toute sa vie est concentrée en elle comme un delta asséché. Elle sursaute, le pouls accéléré : son mari a-t-il subi des sévices, lui aussi ? Elle se reproche de n'avoir pas été assez douce, assez éprise, s'en veut, se déteste. S'il ne revient pas, elle deviendra folle, c'est certain. Leurs deux enfants envahissent sa pensée, l'idée qu'ils auraient pu être là ce matin la ronge, plus forte encore que celle qu'ils ont été épargnés. C'est le deuil que Myriam, inerte, éprouve pour la première fois au plus profond d'elle-même. Sans savoir qu'elle est sûrement déjà veuve. Mme Aubrane, silencieuse, contemple l'étrangère. Elle s'est retirée dans sa chambre. Pour se rendormir ? Se rhabiller ? Prier ? Ce n'est que trois heures plus tard que ma mère décide de quitter ce refuge nocturne. J'ignore comment les deux femmes se sont séparées.

Myriam, la survivante, remonte lentement, ne voit personne la suivre, est rassurée. Elle ne s'attardera pas, juste le temps de rassembler quelques effets, ce qui lui est précieux, et elle repartira rapidement, une rafle de contrôle est toujours possible. Ce plan n'a qu'un défaut et va s'avérer immédiatement irréalisable. Nous sommes le 16 juillet 1942. À partir de ce jour, son domicile restera sous scellés, de la cire rouge obstrue les serrures, les encoignures, le toit familial lui est interdit. Elle ne comprend pas, démunie devant la porte infranchissable, tous ces krafts épais bardés, collés, et à la main ses clefs, inutiles. Elle ne peut plus rentrer chez elle. Elle se retrouve sans appartement. Étourdie d'abord, épouvantée ensuite, elle se sent minérale, végétale, éliminée.

À rebours, elle descend sur la pointe des pieds, les toilettes sont dans la courbe de l'escalier, elle y entre, prête à vomir ses tripes, à vider le saumâtre, le glauque, l'apocalypse. Quand elle retrouve un minuscule bout d'esprit, elle perçoit un trépignement, des jurons. Anxieuse, elle imagine le retour des policiers et jette un œil pour vérifier. Elle reconnaît au deuxième étage la silhouette d'Hélène, l'aînée des enfants Fiszbin, devant sa porte sous scellés, confrontée à la disparition de ses parents, de ses frères et sœurs. Ma mère descend rapidement les quelques marches qui les séparent. Les deux femmes, qui pourtant se dédaignaient, tombent dans les bras l'une de l'autre, aimantées comme deux naufragées, ne retenant plus leur désarroi et leurs larmes.

Myriam caresse la chevelure de cette fille brune de dix-huit ans qui n'est plus qu'un paquet hoquetant. Serrées par l'angoisse l'une contre l'autre, elles ne parviennent pas à ajuster leurs paroles, ce sont plutôt deux respirations solidaires liées par la même panique. Hélène arrive à lui confier qu'elle n'a pas dormi chez elle, qu'elle le regrette amèrement. Myriam ne la blâme pas, lui répond doucement que c'est grâce à cela qu'elle est sans doute préservée d'un destin atroce. Hélène, anéantie, égrène devant sa porte close les prénoms de ses quatre jeunes frères et sœurs, Paulo, Louba, Marc et la plus petite, Rebecca. Et ses parents perdus, Lazare et Ruth. Elle conte à ma mère que tout Paris ne parle que de cette rafle, que beaucoup sont choqués, écœurés devant la ronde des autobus qui entassent de force les victimes, des vieillards, des enfants et même des bébés. Ils sont tous parqués, paraît-il, au même endroit, une salle prévue pour les grandes manifestations sportives. Les deux femmes rescapées chuchotent sur les marches et prennent la même décision : ne pas sortir ensemble. Éviter la concierge, bien que ma mère lui soit reconnaissante. Sans Mme Garnier, où serait-elle alors ? Derrière la porte cochère du 17, rue François-Miron, Hélène et Myriam s'étreignent longuement, sortent à l'air libre et, l'une à droite, l'autre à gauche, chacune part vers sa destinée.

Les Lizzardi

Ma sœur Jeanne et moi avons dû quitter brusquement Fontenay-sous-Bois, où nous étions hébergés depuis fin août sous la protection de M. et Mme Lizzardi. Ces antifascistes italiens avaient fui en d'autres temps le régime de Mussolini. De toutes les cachettes qui ont accompagné mon parcours de survie, la plus authentique, la plus accueillante a été celle de ce couple. Au début, c'était loin d'être évident. Après un départ bousculé de Monthou-sur-Bièvre, un mélange de stations de tramway ratées, et à l'arrivée un petit garçon blond et patient nous attendait. Il nous a tendu la main : « Je m'appelle Jean. » Il nous a guidés, nous l'avons suivi. Nous ne savions absolument pas où nous allions. Tout me semblait aberrant, un voyage dans l'incertitude, en nous la méfiance, le sentiment d'abandon et la sensation qui perdurait d'être ballottés comme deux paquets.

Mon insertion commence dans la réticence et le silence. J'en veux à la terre entière, et pour commencer à ceux qui nous accueillent. Lui travaille de nuit, elle est nourrice. D'autres enfants sont là, qui d'ailleurs partiront dans quelques jours. Est-ce un pensionnat ? Je suis facilement ébranlé, même si ça ne dure pas longtemps. Là, je suis fermé comme une huître, et le mutisme est ma façon de signifier mon anxiété. Où est ma mère que j'espérais voir ici ? Pourquoi sommes-nous dans ce lieu si proche de Paris ? Pourquoi pas à François-Miron ? Pour combien de temps sommes-nous là ? Quand je demande s'il y a un collège ou un lieu où je pourrais poursuivre mes études, les explications arrivent. Les Lizzardi me prennent à part et avec précaution évoquent ce que j'ignorais.

J'apprends avec horreur comment, porte à porte, on a traqué des milliers de familles. Le récit qui m'est fait précipite un flot d'images insoutenables. J'intègre que nous aurions pu en faire partie. Choqué par cette chasse aux familles juives, je pense tout à coup à ma mère qui n'a jamais voulu nous inquiéter. Mais je suis rassuré, elle est passée entre les mailles. Comment ? Je n'en sais rien. Où vit-elle ? Notre appartement nous est interdit. L'obligation du port de l'étoile jaune m'asphyxie. Je me récrie : je ne la porterai jamais ! Dévasté, m'empêchant de trembler, je les regarde si navrés, si attentifs, assumant en toute conscience les enjeux et le péril de notre sauvetage.

Je prends la mesure de la réalité. De leur réalité à tous les deux, penchés vers moi. Il faut être hors-norme pour s'exposer au risque d'un réseau de sauvetage d'enfants pourchassés, nous offrir l'asile au nez et à la barbe de l'occupant nazi. Mme Lizzardi a le cœur écrit sur le visage et cet homme fédère son poing au mien. C'est sûr, ces deux-là ne sont pas normaux, puisqu'ils sont exceptionnels. Tout résulte de leur présence, de leur engagement. Le courant passe entre nous. Le contenu du pacte est implicite : tenir debout. Être solidaire. Refuser le malheur. Ne jamais abandonner, dit-il. Donner une chance à l'avenir, dit-elle.

J'ai encore l'âge de la plus grande spontanéité. J'aime en conscience les époux Lizzardi, je m'en remets à eux. Ne plus apparaître afin de ne pas disparaître, c'est la règle défensive de ce temps-là. M. Lizzardi le dit autrement : « Moins on te voit, mieux tu te portes. » Cette bascule de Monthou à Fontenay m'a rééquilibré. Ce couple fait vraiment équipe, deux chefs de famille ensemble, c'est rare ! Lui, un personnage tonique, qui instille la complicité ; elle, une énergie communicative. Dans la brume d'ensemble de ce début d'automne, je suis presque débranché de ma mère, contrainte elle aussi de se cacher, de mon père, dont je viens seulement d'apprendre le transfert forcé, par wagons plombés, paraît-il, sans doute en Allemagne. J'ai envie de hurler ou de me cogner la tête contre un mur jusqu'à ce qu'il se fende. Mais, grâce à mes sauveteurs, je reprends contact avec le monde, c'est-à-dire avec la guerre, et à Fontenay, les Lizzardi sont comme une forteresse.

Qui le croira un jour, que les lapins ont été notre bouclier, qu'il a fallu un Pablo Lizzardi pour l'imaginer ? Dès qu'il y a un écueil, un moment d'alerte, il nous apprend à nous glisser derrière un faux mur caché par des clapiers. Quelle époque était-ce, se diront un jour les arrière-petits-enfants de ceux qui ont été épargnés ? Que de ruse et d'imagination contre la fourberie, la violence pour soustraire des milliers d'enfants à l'extermination, grâce aux gens les plus simples, ayant pour arme intime la conscience humaine.

Fontenay est une petite ville de près de trente mille habitants qui arrive à préserver un côté campagnard, pas loin du bois de Vincennes. Le pavillon des Lizzardi est avenant, en retrait du centre, entouré de murs de brique surmontés de fines grilles dévorées de lierre. Un portail à demi ajouré ouvre sur un enclos où l'herbe se fait envahissante face à une maisonnette assez large, un seul étage, une cour arrière. Plutôt un petit pré clôturé par une bâtisse pour le jardinage, sur laquelle sont plaqués les fameux clapiers. C'est là qu'est notre rempart et notre repas, le lapin.

Nous vivons essentiellement à l'intérieur de la maison, et si nous sortons, c'est de préférence dans la cour arrière, qu'on ne peut apercevoir de la rue. Rien n'est jamais triste, la journée commence gaiement par le petit déjeuner, qui coïncide avec le retour du travail de nuit de M. Lizzardi, auquel on prépare des petites surprises. Autour de la table commune, Jeanne, qui seconde à la cuisine la maîtresse de maison ; Édouard, cousin par alliance, garçonnet joufflu et un peu perdu ; Eva, une fillette de six ans ; sans oublier Jean. Si on y ajoute les deux chats qui miaulent en italien, on perçoit l'ambiance détendue de la maison.

Je suis souvent avec Pablo. Très enjoué, il apprécie que je réponde du tac au tac. Je me surprends à rire, et si la folie guerrière n'était pas au programme, être à Fontenay-sous-Bois ressemblerait à des grandes vacances. L'après-midi est consacrée au jardinage, j'ai droit à un rateau ou une bêche. Il y a essentiellement des carottes. Je lui demande un peu stupidement :

— Pourquoi ?

Il en rit lui-même :

— Les carottes et les lapins sont faits pour s'entendre !

Il m'assure que les êtres humains sont aussi des lapins : si je savais combien il a couru pour échapper à Mussolini ! Il me confie qu'il a été torturé à l'huile de ricin parce qu'il était aux Jeunesses socialistes, qu'arrivé en France il a rencontré une princesse, qu'il me désigne du doigt : sa femme, Katarina. Il aime le jeu, le sport, il a été arrière-gauche du Red Star. Aujourd'hui, il en est fier, ils viennent de gagner la coupe de France.

Jean est le fils de Pablo et Katarina, son second prénom est Luigi. Il a n'a pas dix ans et il est déjà le calme incarné. Garçon tranquille, bienveillant, à la parole titi quand même, d'instinct il a un caractère philanthropique. C'est lui qui s'occupe des clapiers, des lapins et de les nourrir de carottes, pain sec et pelures des légumes de la cuisine. C'est sa première tâche en sortant de l'école. Il est très populaire auprès de ces rongeurs, qui le manifestent d'ailleurs en se serrant autour de ses mains. Ce que Jean ne supporte pas, c'est de savoir lequel sera sacrifié pour le repas du dimanche. Ses parents le consultent lorsqu'ils en vendent pour améliorer leurs fins de mois. Jean s'entend très bien avec Jeanne, et Édouard le suit partout. Gabriel, à ses yeux, est plus solitaire, ils ont cinq ans de différence, il lui est reconnaissant de l'aider à faire ses devoirs, à retenir ses récitations. Il a un exposé à faire sur Christophe Colomb et ils travaillent ensemble sur le sujet. Pour lui faire plaisir, sans le dire à ses parents qui sont partis à Montreuil pour une braderie, Jean l'emmène se promener dans les rues paisibles du voisinage pendant près de trois quarts d'heure. Le quartier est tranquille, le temps agréable, sous le soleil d'octobre ; il lui fait découvrir un kiosque entouré de gradins où tous les étés un orchestre donne des concerts. Gabriel capte la rareté de ce moment de liberté, se souvient des Buttes-Chaumont, semble heureux, et Jean encore plus, satisfait de partager son bonheur.

La fameuse grande peur, je ne m'en souvenais que très vaguement. La mémoire fait des victimes en route, c'est la rançon de l'oubli. Mais il se trouve que Jean avait gardé en lui cet épisode, dont il avait été le témoin. Il lui a fallu passer d'un siècle à l'autre pour me rappeler cette voiture de soldats allemands s'arrêtant quelques instants devant le portail du pavillon, freins bruyants, avant de repartir. Puis l'application du code d'urgence nous obligeant à rejoindre rapidement la zone des lapins, le dispositif permettant de planquer, entre l'arrière des clapiers et le mur de la bâtisse, Jeanne, Édouard, la fillette, Eva, et le constat que je n'y étais pas. Où étais-je ? C'est Jean qui raconte le reste.

Remonté à toute vitesse au premier étage, il aperçoit avec stupeur Gabriel assis en plein milieu du jardin, devant la maison. Il joue avec des cailloux qui ressemblent à des osselets. Mais pourquoi est-il resté là, devant ? On ne sait, c'est l'énigme, et si Gabriel se croit invisible, il a bien tort. Jean s'apprête à ouvrir la fenêtre pour l'exhorter à se cacher, mais la voiture reparaît, dépasse le portail et, effectuant une marche arrière, stoppe juste devant la résidence des Lizzardi. L'un des militaires sort et agite la sonnette. Un autre s'est dressé sur son siège. Il est clair qu'ils aperçoivent le garçon. Katarina est maintenant derrière son fils, tous deux tremblants. Ils voient alors Gabriel se lever, s'essuyer les mains contre sa veste. Il est aussi visible pour les Allemands que pour Jean et Katarina. Il n'a pas l'air d'hésiter, s'avance sur le tapis d'herbe, se dirige vers le portail. Ce que ressentent Jean et sa mère est inexprimable. Il ouvre le portail et, comme on lui demande de s'approcher, il le fait, mais tranquillement. Ils discutent, ce sont des officiers, l'un doit bien parler français. Ils ont sorti une carte, Gabriel fait groupe un instant avec eux, il regarde la carte, indique on ne sait quelle direction. Le quatuor allemand regagne la voiture et repart. Ils font des gestes de remerciement et disparaissent.

Gabriel demeure quelques secondes sur place, referme le portail et retourne à sa place pour récupérer ses cailloux-osselets laissés dans l'herbe. Encore bouleversés par leur émotion, Katarina et Jean le rejoignent. Gabriel, lui, a l'air flegmatique. Interrogé, il répond à Katarina que c'était la seule chose qu'il pouvait faire : s'il courait ou se cachait, il risquait de les mettre, eux, en danger.

Et quand on lui demande :

— Où les as-tu envoyés ?

Gabriel répond :

— Près du kiosque à musique.

Katarina :

— Comment peux-tu savoir où se trouve ce kiosque ?

Jean dévoile alors leur promenade. Il n'a jamais été puni pour cela. Et il n'a jamais oublié ce qu'il appelle mon sang-froid.

En urgence, à la fin de la première semaine de novembre 1942, ma sœur et moi avons subitement été ramenés à l'ancien atelier de mon père. C'est presque en courant que nous avons dit au revoir à cette famille. Jeanne était en larmes et j'avais aussi le cœur bien déchiré. Jean était alors à l'école, et un inconnu nous a conduits jusqu'à Paris. Nous regardions par les vitres cette ville quittée il y a six mois. Il nous a déposés près de la porte Saint-Martin, érigée sous Louis XIV.

Des semaines plus tard, en février je crois, une lettre anonyme d'un voisin « bien attentionné » attirait l'attention de la municipalité sur les agissements suspects, antinationaux de M. et Mme Lizzardi. Ils en eurent vent une heure ou deux avant l'irruption policière, le temps d'emmener leur fils Jean en abandonnant telle quelle leur maison. Je l'ai su il y a peu, au moment d'écrire ces lignes.

LIGNE DE DÉMARCATION

Suspect de quoi ? Il ne le sait pas, ne se pose même pas la question. Il est emporté dans une fuite en avant dont il ne comprend pas la nature. S'il voulait y réfléchir, il n'en a pas la maturité, il n'a pas l'âge des décisions, juste l'instinct de s'y conformer. Il est engagé dans une transhumance qui ne se discute pas. Il ne sait pas où il va. Ce qui précède sa réalité ressemble à un mauvais rêve. Il tente de se réconforter par une ligne constante de pensée, de s'en tenir à cette règle stricte : l'instant qu'il traverse, celui qui va suivre. Pile ou face, c'est aujourd'hui le fil ténu de la survie.

Ni émotion, ni regret, ni crainte, un état de nécessité absolue, subordonnée à un seul objectif : quitter sa France, occupée par l'armée allemande et la Gestapo, se réfugier dans la « zone libre », non occupée. Franchir la ligne de démarcation entre les deux, en passant par une zone interdite. On ne lui a rien dit d'autre. Destiné à assumer cette trajectoire, il est dans la situation de celui à qui on remet les clefs d'une expédition pour un saut dans le vide. Sur ce chétif gamin qui n'a pas encore terminé sa croissance pèsent le devoir, l'impératif de conduire à bon port un groupe de cinq personnes. Il lui faut gommer d'où il vient, biffer de ses lèvres et de sa mémoire les trace des jeunes années qui ont constitué sa vie jusque-là.

Couché sur la paille d'un hangar, il lutte contre les échardes, ne parvient pas à dormir, remet ses chaussures afin de cesser d'avoir froid et se recroqueville sous la couverture noire comme un catafalque. Il se demande où sont les toilettes dans cette obscurité, se retient, ressasse les repères que la veille au soir le passeur lui a demandé d'apprendre par cœur. Il doit s'en souvenir à tout prix, et il en répète sans fin la litanie : « Lons-le-Saunier, Bourg-en-Bresse, Lyon, Castelnaudary, Lacaune-les-Bains. » S'il ne sait pas où il va, il en connaît l'itinéraire. Autour de lui, éparpillés, cinq silhouettes, cinq corps qui dorment, soufflent, ronflent comme ils peuvent, et dont il sera dans quelques heures le convoyeur.

Le passeur lui a tout expliqué. Au fur à mesure, la part d'enfance qu'il porte en lui s'amenuise, il a une boussole et des horaires dans la tête, et bribe par bribe en devient adulte. Adulte de poche, il n'en a pas la taille, il en aura la tâche. Son lexique s'est enrichi : « lois raciales », « Drancy », « camps de concentration », « déportation », désormais ces mots s'adressent à lui et s'agglomèrent à ses globules, légitiment le risque de cette évasion. Sera-t-il à la hauteur ? Ils sont six à avoir quitté Paris le matin même, et dans ce hangar ponctué de brefs bêlements de brebis, il y a comme en réponse la respiration semée de soupirs, de gémissements, un cri dans le sommeil de sa sœur. Couchés dans la paille, les deux cousins par alliance, Henri, qui dort la bouche ouverte, et Lisa, toute pelotonnée, treize et neuf ans. De surcroît deux femmes, les sœurs de sa mère, tante Esther et tante Ida. Je suis la vigie insomniaque de ce groupe. L'avant-veille, nous dormions en sécurité à Fontenay-sous-Bois. Hier, à une année-lumière d'aujourd'hui, nous dormions auprès de notre mère, dans un bric-à-brac de machines à coudre et à tricoter, et cette nuit dans le foin d'une étable, pas loin finalement de la frontière suisse. Et où serons-nous demain ?

J'admire ma mère qui a changé, gagné de l'autorité et dirige de main de maître l'atelier et ces personnages en dérive qui y débarquaient pour la nuit avec leurs étoiles jaunes et ce côté *Bas-fonds* de Gorki. Ils étaient presque une dizaine dont ma mémoire retient un poète aux boucles brunes, aux yeux lumineux, qui s'appelait Szulsztein.

Je me souviens de ces premiers instants, rue Saint-Martin, ma mère admoneste sa sœur aînée, Ida, qui vient de bondir sur moi, alors que je suis à peine de retour avec Jeanne, pour m'informer que nous devons repartir jeudi, et que nous allons soit réussir, soit mourir. Ahuri, ne comprenant pas sa véhémence tellement elle écorche la langue française, je veux repartir chez les Lizzardi. Ma mère me précise que c'est hors de question, que chaque jour il y a des arrestations, que les enfants juifs sont traqués comme les adultes et qu'on ne les revoit plus. Que ça se multiplie, que c'est ainsi que mon cousin de huit ans, Clément, a disparu. Que tous ceux qui sont ici ne peuvent plus rentrer chez eux. Les portes de leurs appartements ont été scellées, comme la nôtre d'ailleurs. Jetés dehors du jour au lendemain, nous n'avons plus de domicile. En quelques secondes, j'ingurgite toutes ces informations.

À sept heures, les volets et les rideaux clos, des bougies remplacent les lampes. Atmosphère étrange, elles s'allument, s'éteignent, s'obstinent. C'est une nuit du Moyen Âge. Les flammes, tant qu'elles vacillent, sont le symbole que leurs possesseurs demeurent en vie. Au milieu, une grande marmite collective avec des topinambours, du pain noir, l'eau du robinet, et aussi du thé sans sucre. Le silence est obligatoire, aucun bruit ne doit s'entendre de l'extérieur. Chacun finit par se coucher sur le carrelage irrégulier de losanges ocre. Nous avons froid, le froid griffu de novembre. Ma mère prépare une paillasse avec un vrai drap blanc et des couvertures de laine bariolées afin de dormir tous les trois ensemble. Soufflant sur les bougies, dans le noir et une odeur de suif, le poète fredonne en yiddish un poème qu'il a écrit, où résonne, lancinante et rythmique, la même phrase répétitive que les autres reprennent : « Les temps reviendront… »

Mon oncle Maurice, celui que j'appelle « l'Espagnol » à cause des Brigades internationales, est de passage à l'atelier. À peine arrivé, il me prend à part : « J'ai deux choses importantes à te dire. » Au ton qu'il prend, je perçois bien qu'il a une vie secrète, clandestine. Cet homme trapu, admettant mal la contradiction, communiste convaincu, a joué un rôle conséquent dans ces années nocturnes. Il scrute mon visage, et les yeux dans les yeux, sa voix enrouée de tabac m'explique que l'avenir du monde et notre sort à tous dépendent essentiellement de ce qui se passe sur le front russe et que l'armée allemande va perdre cette guerre. Que c'est planétaire, inéluctable, et que ça prendra le temps qu'il faudra.

L'Europe entière, d'Athènes à Amsterdam, est sous l'emprise des armées allemandes, elles sont aux portes de Moscou, sur les bords de la Volga et les rives de la mer Noire. Les Japonais déferlent sur la Chine, soumettent la Birmanie et les Philippines. Ce sont des machines à broyer dominantes, et pourtant avides. Je bois intensément ses paroles. Seconde leçon : « Ne pas rester les bras croisés, échapper à la proximité des nazis le plus rapidement possible. » Et, pour conclure, il m'annonce le motif de notre retour précipité : le lendemain, nous allons franchir la ligne de démarcation. Tout est déjà prévu, organisé. Il ne peut pour l'instant m'en dire plus. Il compte sur moi, sur mon esprit clair et intelligent. C'est à peine si j'entends et comprends la suite, sinon que ses deux enfants à lui, ma sœur et mes deux tantes feront partie du sauvetage familial, et que j'en serai la tête de file.

Je demeure seul, transi, en apesanteur dans la cuisine, figé par l'ampleur du projet, le risque surtout et le défi aussi. La responsabilité me traverse le corps, ligne de vie et ligne de démarcation se mélangent dans ma tête, me coupent le souffle. « Franchir », ce verbe m'impose la vision d'un mur – un mur, c'est haut, avec des policiers, des soldats, des mitrailleuses et des souterrains secrets. Ma mère et ma sœur me rejoignent. L'enjeu nous laisse tous les trois un instant muets. Ne manque que mon père et sa destination inconnue, une famille éclatée et meurtrie de plus ou de moins, il y en a tant. La mère regarde son fils, le fils regarde sa mère. Dans ce regard, il y a la distance de la séparation à venir, la menace inconnue, puisqu'elle restera à Paris pour la planque qu'est devenu l'atelier, et qu'il y a ce commissaire-gérant aryen avec qui ce n'est pas facile, avant de nous rejoindre.

Elle est encore belle et jeune à trente-sept ans. Je prends conscience de sa féminité, de ses yeux sombres, de ses lèvres, de son front dégagé et sans rides, de son énergie sans lassitude. Elle est sans doute en plein dans sa maturité de femme, et en plus elle a pris la place du père. C'est cette image qui s'inscrit sur ma rétine. Plus tard, bien plus tard, quand viendra la fin du siècle, toutes ces épreuves terminées, je graverai sur sa tombe, pour rester en tête à tête avec elle, le médaillon de son visage d'alors, avec toute la finesse de ses traits et, indélébile, l'étoile jaune de 1942 qu'elle portait sur le côté gauche de son corsage noir.

Pour l'instant, à deux jours de l'ancien armistice, jérémiades de ma tante Ida qui prétend que son mari veut se débarrasser d'elle. Il est vrai que mon oncle est parti, juste le temps de préciser que je serai le « chef du voyage », sans même lui dire au revoir. Ma tante Esther, qui a l'art d'être toujours ailleurs, n'en finit pas de se peigner. Il y a ce que je sais, des bagages légers, des consignes, ma sœur Jeanne qui comprend tout, ma mère, secouée, qui commence à trier silencieusement du linge. Il y a surtout ce qu'on ne veut pas évoquer, l'incertitude. Il y a aussi ce que nous ignorons tous, que la flotte anglo-américaine vient de débarquer conjointement au Maroc et en Algérie.

Nous nous répétons les premières précautions à prendre, nos premières consignes : être disséminés afin d'éviter toute ressemblance avec une caravane. Et, tout au long du parcours, exigence énoncée par l'oncle, mes deux tantes doivent inexorablement se taire, leur accent nous rendant vulnérables. Le point de rencontre est entre le buffet de la gare de l'Est et le train, j'y ferai la connaissance du passeur. J'ai tout de l'écolier modèle, avec son cartable sur les genoux et son livre de grammaire ouvert. Un inconnu s'assoit près de moi, retire ses gants et prononce le mot de passe, « *Mazel tov* » (bonne chance). C'est lui. Je le reconnais, c'est l'homme qui nous a conduits hier de Fontenay à l'atelier !

Je ferai tout le trajet en sa compagnie. Nous sommes répartis en trois compartiments. Ma sœur et mon cousin prennent en charge les tantes et Lisa. Ce train vers l'est, qui aurait pu être celui du désespoir, ne me sera pas douloureux. Il est étrangement calme : juste quelques militaires allemands, un contrôleur qui glisse plus qu'il ne passe, la buée de la vapeur du train, le caprice évolutif des nuages. Je me sens adopté par le passeur avec qui je fais duo. Il est assez jeune, trente-cinq ans, grand, les cheveux en brosse, une vareuse beige molletonnée, un regard vif. Il lit ostensiblement *La France au travail.* Il m'impressionne surtout par sa tranquillité. J'ai sorti *Le Bossu*, roman de cape et d'épée, je m'identifie à Lagardère avant la montagne mais n'arrive pas à me concentrer. Il se trouve que j'ai aussi une bosse, elle est dans ma chaussure. Au moment de nous quitter, ma mère a glissé une enveloppe sous la languette, c'est le pécule pour la suite, après la ligne, et qui pour le moment m'incommode. Le passeur sort un casse-croûte qu'il partage avec moi, m'interroge. Ce que je veux être plus tard : « Astronome ! » Le plus loin possible de la Terre.

Rien ne m'est clair dans ce voyage pour la survie, sauf la date, et ce jeu noir dans le couloir du train : ma sœur et moi faisons semblant de ne pas nous connaître. Me restent la sensation rassurante de cet inconnu bienveillant à mes côtés et l'odeur de maïs de ses cigarettes. Je me laisse aller au déroulement incessant des champs qui se succèdent et, où que l'on soit, à l'impression qu'au-delà des vitres ce sont les mêmes vaches qui sont plantées dans le paysage. Comme un film en accéléré vient le moment où nous changeons rapidement de train. Il y a des tunnels, à travers les brumes une façade de gare, juste le temps d'accrocher sur le quai le nom de Dôle, une camionnette dans une ruelle, nous sommes hissés sous une bâche, puis dans un lacet de petite montagne le panonceau de Champagnole comme achèvement et point de départ.

Assoupi dans l'étable, je rêve qu'une vache me râpe le visage avec sa langue, j'ouvre les yeux, derrière la lampe à huile qu'il tient à la main apparaît le passeur avec son frère qui hier conduisait la camionnette. Il a l'air d'un cow-boy avec son chapeau à bords relevés. Il doit être quatre heures et demie du matin. La toilette comme on peut, puis une table familiale et, bien que pas tout à fait réveillés, un bol de lait chaud, le café noirâtre, une boule de miche coupée en tranches, du vrai beurre de village et du miel nous attendent. Je comprends que nous sommes dans la ferme du passeur, enfin de son père, qui l'appelle Albert. C'est un moment qui nous apaise, associé à la lenteur du temps de l'horloge. Inévitable, l'approche du jour s'immisce entre les lattes de bois d'une fenêtre. La démarcation et sa ligne, le motif de notre présence, réapparaissent dans ce havre quand nous entendons la phrase incitative du passeur : « Il faut y aller, maintenant. »

C'est l'échéance, le dernier point d'attache avant le sauvetage ou le péril de ce 11 novembre 1942. Ma petite tribu familiale est muette, je pense que je devrais avoir peur, une peur rédhibitoire, et malgré le cœur qui réagit, frappe obstinément dans le thorax comme s'il voulait ouvrir une porte, je suis atteint de calme ! C'est ce qui m'arrive, une sorte d'instinct que je ne connais pas, qui se vérifiera plus tard dans les moments difficiles, une faculté de m'abstraire, replié sur moi, et d'évacuer le reste. Le feu de cheminée crépite avec sa braise ranimée. Nous sommes tous assis autour de la table et je perçois la pression, les yeux de ma sœur qui s'attachent aux miens et semblent tellement bien lire en moi, le regard et le corps crispés de mes tantes, l'attente muette des cousins, tous semblent curieusement avoir besoin d'un assentiment, même la famille du passeur, son vieux père moustachu qui ne me lâche pas de l'œil, et soudain se détend quand je hoche la tête, approbatif.

J'acquiesce, répétant la phrase : « Oui, faut y aller maintenant. »

Perception confuse en moi d'électrodes inconnues, elles énoncent que le destin existe, que ce « passage » dans l'inconnu en fait partie, sans retour en arrière. La jeune femme qui nous servait, l'épouse du frère, a trié des cirés, imperméables, pantalons, vieilles vestes, blousons, chapeaux, fichus sortis d'un coffre. Il importe que nos propres habits et chevelures ne portent aucune trace de brindilles, gouttes de pluie et autres empreintes. Nos mouvements en sont modifiés, les vêtements sont bien trop grands, et c'est dans ce travestissement collectif inattendu que nous sortons, et par un sentier assez court, en étrange cohorte, entrons dans la broussaille.

Refermés sur nous, les arbres sont les repères du passeur et de son frère, l'un devant, l'autre derrière. Il s'agit surtout d'en écarter les branchages et d'éviter les bruits diffus des craquements de feuillages et de pierrailles sous nos pas. Nous sommes extrêmement concentrés, non sans quelques chutes, ma sœur et Henri veillant sur les tantes Esther et Ida, la petite Lisa accrochée à mes basques. Là où je me faisais une montagne, où j'imaginais une forteresse, une douane militaire, une grotte souterraine, ce ne sont que moustiques, épines et limaces, un chemin de randonnée bucolique dans des sous-bois, ponctué d'arrêts brefs où nos guides sondent le silence, que seuls des battements d'ailes d'oiseaux traversent. Le plus difficile est une descente en pente sur une rosée humide d'humus et d'herbe. Un ruisseau se devine, caché à la vue sur près d'une centaine de mètres par une haie d'arbres. Le cours d'eau se resserre autour de quelques larges rocailles qui surnagent. En quelques pas hasardeux, c'est ce que, un par un, nous allons franchir. Et devant moi, à travers des éclaircies de branches, à contre-pente, l'objectif, une ligne continuelle de barbelés. À l'infini.

Un temps d'arrêt et une silhouette inconnue apparaît de l'autre côté des fils de fer et soulève sa casquette, vraisemblablement pour signaler que la voie est dégagée. Nos deux guides bondissent en souplesse, rejoignent le nouveau venu. Tout est minuté, précis, rapide, des faux barbelés qui en simulent d'autres semblent leur obéir. Leurs mains gantées en libèrent un pan, un instant d'écoute et les trois hommes, grands gestes à l'appui, nous font signe de grimper vers eux. Accroupis, nous nous élançons, passeur et frère à la rescousse, l'urgence est en nous. Jeanne et moi, agrippés l'un à l'autre, nous retrouvons vite en haut du talus, Henri traîne Lisa comme il peut. Contraints de redescendre, les deux frères soulèvent littéralement nos deux tantes et se résolvent à les porter.

Nouveau guet du paysan sur l'arpent du chemin vicinal. Silence de la nature et nouveau signe de casquette ; le passeur et son frère, aidés de deux bâtons fourchus, soulèvent un segment de barbelés, nous nous glissons dessous, soutenus, poussés et projetés rapidement de l'autre côté. Pas une seconde à perdre, les trois hommes nous prennent par les hanches deux par deux et nous imposent une course effrénée pour traverser un bout de chemin par un sentier courbe encadré d'arbustes résineux, nous retrouver tous derrière une grille ouverte dans la cour d'un bâtiment et nous affaler dans une pièce inconnue, qui est celle d'un arrière-café. Nous avons franchi la ligne de démarcation.

La salle où nous sommes est sombre, on se télescope. Porte cadenassée, fenêtres occultées, un lustre enfin nous éclaire, un grand miroir nous fait face, et dedans se reflète une troupe clownesque hirsute en représentation ; c'est nous, revêtus de notre panoplie vestimentaire hétéroclite. Avec un chapeau melon cabossé, le pantalon bouffe, les chaussures trop grandes, j'ai l'air de sortir du *Kid* de Charlot. Sur le mur, des photos de champions cyclistes, Antonin Magne, André Leduc, Georges Speicher. Je regarde mes deux tantes, ahuries et carnavalesques, elles ont perdu leurs repères, Ida me chuchote :

— *Vi iz mè ?* (Où sommes-nous ?)

Je lui réponds :

— En zone libre…

Esther rit et pleure. J'ajoute pour la rassurer :

— N'y a plus d'Allemands !

Rescapées toutes deux de la grande rafle, méfiantes, leurs têtes dodelinent comme si elles doutaient de mon affirmation.

Les coupeurs de barbelés reviennent avec des boissons, une vieille dame apporte des quiches. Ils sont joyeux, nous, on ne sait plus ce que nous devons être ; ils nous invitent à boire, parce que ça s'est bien passé, on a été vraiment à la hauteur. Et surtout, excités, ils se tapent du coude ensemble pour nous annoncer que les Américains ont mis le pied à Casablanca, les Anglais à Alger et que messieurs les Fridolins vont commencer à avoir du souci à se faire. C'est un moment irréel, je bois dans un état second. Ils nous aident à nous délester, et dans la glace nous réapparaissons sous nos vraies formes. Le passeur demande le silence, l'autocar sera là dans vingt-cinq minutes, nous en serons les passagers. Il passe un bras autour de mes épaules et m'intronise guide pour la suite. Moi j'ai une boule qui s'amplifie dans la gorge, je me sens bien plus *Le Petit Chose* d'Alphonse Daudet que le *Premier de cordée*.

Toilette, coups de peigne, cirage, les vingt-cinq minutes filent rapidement. Selon nos hôtes, nous sommes impeccables. Le patron du café ouvre la devanture. L'autocar matinal arrive dans un halo de brume, le passeur et la vieille dame nous y installent, trois duos comme dans le train. Il glisse de l'argent dans ma poche, elle nous bourre de pommes. Il me sourit, cligne de l'œil, il a quelque chose à me dire, n'y parvient pas, moi non plus. Il passe sa main sur mon visage, la boule grossit dans ma gorge. Notre autocar amorce son départ, un pin-pon bruyant, laissant derrière nous la ligne de démarcation.

Les amarres larguées, malgré tout tendus, nous passons d'un état à l'autre, mais paraître naturels est notre obsession. Heureusement, le trajet jurassien nous captive : on s'attarde sur le contour des paysages, les fermes qui s'esquivent, les teintes changeantes de l'horizon et, immuables, les vaches aux quatre estomacs qui se prélassent. Nous sommes peu nombreux, à part un curé qui me fait un sourire affable, quelques personnes âgées et aux arrêts des villages la ronde des écoliers qui montent et descendent. J'ai posé mon cartable en évidence, ma sœur somnole sur mon épaule, imitant ses tantes qui ne font plus semblant de dormir. Nous ne sommes plus sous la férule allemande, c'est incroyable. Une légèreté inhabituelle gagne mon corps, mon esprit. Et nous arrivons ainsi à Lons-le-Saunier. Pour continuer, c'est simple, il suffit de passer d'un car à un autre, notre chauffeur nous y aide, avec bienveillance.

On se case comme d'habitude, courte attente préalable, les voyageurs sont plus bourgeois que dans le précédent. Quelques gendarmes pas loin, un bourdonnement d'avions qui leur fait lever la tête et semble les étonner, j'ai hâte de repartir. Le car aux gros pneus semble d'accord et embraye, sort de Lons-le-Saunier et prend la direction de Bourg-en-Bresse. J'ai charge d'âmes, je suis leur boussole, clignement d'yeux vers les miens, nos regards se croisent, moins anxieux. Je ressens l'énigme de toutes ces routes que l'on ne fait que traverser, nous allons de nulle part vers ailleurs. Ce serait si bon de s'arrêter en abandonnant la crainte. Peu à peu, moins de montées et de virages, moins de pression aussi. Je n'ai fait que veiller jusqu'ici et je m'endors par saccades.

Je marche depuis des siècles et je vois venir le temps qui passe avec sa grande barbe broussailleuse, peut-être un grand-père, j'en ai deux et n'en ai jamais connu aucun, j'ai oublié le nom du poète aux yeux verts, le passeur devenu un pasteur me prend par la main, j'entends un air de mazurka, je crois que j'ai égaré mon école de la rue Levert, je ne sais plus où elle est, la bicyclette de Jacqueline Veuf s'arrête devant moi, je suis assis sur la borne, je n'arrive pas à avoir de visage et on frappe à la vitre, c'est une pie, qu'est-ce qu'elle vient faire là ? Et on me tape du coude, on insiste, je me réveille, c'est ma sœur Jeanne, surprise : elle m'incite à regarder du côté de la vitre. La pie prémonitoire a dû s'envoler et ce que je vois à sa place, c'est un side-car qui transporte trois soldats allemands. Il roule, parallèle à notre véhicule, au même rythme.

Le temps du rêve et de la réalité s'entremêlent. L'Histoire, qui n'est pas une histoire puisque je conte ici le réel, me semble jaillir du sommeil. La mémoire est ce qu'elle est, ce qu'elle n'a pas inventé reste à vif. La survivance de la pie noire imaginaire s'avère réelle comme un cauchemar. C'est un choc pour ces êtres, transbahutés dans un autocar prévu pour fuir une fatalité, qui resurgit en un éclair. Vision destructrice. La réalité est-elle si perverse qu'elle n'a qu'une version obligatoirement répétitive ? Nous étions des déplacés et les troupes allemandes se sont déplacées le même jour que nous ! Ce n'est que cela. Nous n'avons fait que frôler la liberté pour nous retrouver devant cette vérité : ce 11 novembre, la ligne de démarcation laissée derrière nous est à nouveau devant.

Transit

La présence d'uniformes allemands dans ce paysage est un non-sens, une allégorie invraisemblable. Roulant plus vite que notre véhicule, ils viennent de nous dépasser, laissant dans leur sillage l'énigme de leur apparition. Tous les visages sont tendus vers les vitres. Incertain de cette chimère, je veux rester incrédule, ce sera bref. L'hallucination revient, un nouveau side-car s'inscrit en lieu et place du premier. Vissé à ma place, l'autocar contraint au ralenti, derrière la paroi vitrée j'ai soudain droit au regard furtif de l'un des trois soldats. Paranoïa brutale, j'ai compris leur raison d'être, nous sommes désormais sous leur surveillance, ils sont au courant de notre passage clandestin et vont nous cueillir à l'arrêt du car. Je domine un début de tremblement de mes jambes, pulsion de colique dans le ventre.

Ce side-car disparaît à son tour sans m'apaiser. Des voyageurs se regroupent autour du chauffeur qui refuse de stopper, d'autres se pressent contre les vitres. Je me glisse vers mes tantes recroquevillées. Figure de la fatalité chez Esther, Ida a le temps de murmurer que c'était une fausse ligne de démarcation et que son mari savait ce qu'il faisait en nous expédiant ici. Je hausse les épaules, nous ne sommes pas dans le même film ! Trois fois de suite, un de ces détachements motorisés surgit, nous escorte quelques secondes, puis accélère pour disparaître devant nous. Une femme s'écrie avec angoisse : « Ils viennent arrêter Pétain ! » Excédé, le conducteur envoie paître les voyageurs, maugrée que de toute évidence c'est une réponse au débarquement en Afrique du Nord, et relance le rythme du car. La longue cohorte des engins à trois roues et des motos semble lui donner raison.

Ma sœur Jeanne, dont le cœur a dû battre très fort, me tend calmement un thermos préparé par la famille du passeur. Quand le liquide de légumes coule dans ma gorge, je reprends mes esprits. Une dérision absurde parraine l'armistice. Cette coïncidence de la date du 11 novembre nous talonne, s'invite dans notre fuite. Je cherche une explication. C'est à Bourg-en-Bresse, où nous n'apercevons aucun uniforme allemand, que nous prenons connaissance de l'invasion hitlérienne, depuis ce matin, sur la totalité du territoire français. La nouvelle se confirme, et j'entends le mot « représailles ». Il n'y a plus de zone libre.

Je donne des consignes : « Il faut manger, c'est indispensable. » Je refuse qu'on s'assoie à six au buffet de la gare, nous y serions repérables. À tour de rôle nous mangeons des sandwichs. Impossible de revenir en arrière. À l'écart les uns des autres, munis de nos billets, nous attendons un train que nous supposons aléatoire étant donné les circonstances. En réponse contradictoire à ce doute, une locomotive et son double wagon apparaissent, s'alignent sur les rails et nous absorbent à l'heure prévue. Un jour aussi violent que la seconde invasion de la France ne justifie pas que le trafic s'arrête : je bénis cette conscience professionnelle ! Sur le quai venteux de Bourg-en-Bresse, fesses sur ma valise, je respire et troque ma place contre une banquette ferroviaire en bois.

Enchevêtrement de la grande Histoire et de la mienne, dérisoire, au ras du sol, embourbée dans l'immédiat, dans l'inconcevable. Être dans ce train régional, comme l'avait envisagé le passeur, me soulage. Ce qui me revient rétrospectivement, c'est le rôle du hasard et l'extrême vulnérabilité de ce groupe de quatre enfants et deux femmes à la traîne, qui inlassablement tentent de traverser les mailles du péril qui les suit pas à pas. Les règles de survie sont simples : être aux aguets, s'adapter, fuir le danger. Assailli par cette urgence, je sens l'instant et l'instinct commander mes réflexes.

À circonstance nouvelle réactions inhabituelles. De Bourg à Lyon, notre sort est confié à un omnibus pratiquement vide. C'est de l'anti-exode. Ce 11 novembre, les gens sont sans doute sous le choc, greffés chez eux – la population n'est pas rodée comme en zone occupée, ils vont vite l'apprendre. Les Allemands derrière, les Allemands devant, je pense à cet énorme pilon qui s'abat sur ce demi-pays dont la capitale se dissout dans l'eau minérale. Paris ou Vichy, le même uniforme y régnera. Où aller à présent ? C'est maintenant que je ressens le choc en retour, ce qui nous éloigne du point de départ et finalement nous y ramène. Dans le petit train départemental qui roule au moins aussi vite que je marche, je me raccroche à mon rêve d'enfance : devenir invisible.

Les bielles se chargent de rouler pour nous avec une extrême lenteur, aspirées par un pays de bosquets, d'étangs, de villages anonymes et d'éphémères silhouettes d'habitants d'une autre planète. Et, qu'il pleuve ou vente, toujours les éternelles vaches. À chaque arrêt, et ils sont nombreux, nous sommes en état d'alerte, et ce n'est que lorsque les portières se referment que les muscles se détendent. Pas d'intrusion inquiétante pour l'instant. Nous n'avons quitté Paris qu'il y a deux jours. Deux siècles. La ligne de démarcation est devenue une corde à sauter mythique, abstraite, dont les barbelés dorénavant mobiles et impitoyables nous cernent. Il semble qu'il n'y ait plus que nous dans ce wagon omnibus cahotant où la pensée prend à son tour un rythme de tortillard. Dodelinant, je happe du regard ma petite cohorte transhumante, Jeanne tient compagnie à Lisa la minuscule, l'une est une Jeanne d'Arc arc-boutée contre l'inéluctable, l'autre est une rieuse à contretemps qui s'esclaffe sans que l'on sache pourquoi. Son frère Henri, passif, souvent agité, avec qui il est impossible de discuter, colonise une banquette à lui seul. Ida, dépeignée, dont je sens monter la peur, somnole, écroulée, sac à main collé sur le ventre. Et, imprévisible, inattendue, Esther chante. Elle a si bien intégré son devoir de silence qu'elle chante sans qu'on l'entende, accrochée à un bout de sa culture, coryphée d'un chant muet et personnel, les lèvres et le buste en mouvement.

Je la contemple : elle a été très belle, une photo de ses vingt ans en témoigne, une chevelure sombre magnifique recouvrant une taille fine, les yeux noirs, une beauté un peu manouche. Son mariage avec l'oncle chapelier, Motkè, dit Marcel, a été arrangé par correspondance, et après qu'elle eut quitté à son tour Varsovie, une fois parvenue à Paris, elle ne s'y est jamais acclimatée, perdue devant tout problème concret. Le couple a peut-être été bancal, je n'en sais rien, mais c'est un moindre mal à côté d'une solitude forcée. No man's land mental, l'ultime souvenir de mon oncle accompagne ce voyage, celui qui me faisait rêver avec ses silhouettes d'ombres chinoises, lui dont je disais dans une moquerie affectueuse, quand j'avais cinq ans, ce qui le faisait s'esclaffer : « L'oncle Marcel travaille du chapeau… »

Je me transporte vers l'année précédente, quand un gamin de quatorze ans trimballait une valise et se présentait dans un commissariat de police, rue Thorel, une rue en dos d'âne près du grand cinéma Rex. Son oncle a été pris en flagrant délit au cours d'une rafle dans le métro : c'était sa modeste résistance, s'insurger en ne voyageant pas dans le dernier wagon, le seul autorisé aux juifs. Contrôle d'identité sur son faciès, arrestation immédiate de ce hors-la-loi. Tante Esther, écrasée d'inquiétude, ne reçut que le lendemain l'injonction de faire venir quelques effets pour son époux. Incapable de manier correctement la langue française, rongée par la crainte, après débats et pleurs, elle m'envoie à sa place apporter cette valise. Ni Esther ni Ida n'ont eu d'enfants, à leurs yeux j'étais un neveufils par procuration. Pour elles je suis protégé par mon jeune âge : jusque-là, malgré tout, on n'arrête pas les enfants de treize ans.

Me voilà portant cette vieille valise depuis le 27, rue Meslay – là où elle fait une bosse : au Moyen Âge, ça devait être une colline –, empruntant un paradoxal boulevard Bonne-Nouvelle. Je parviens à l'antre un peu fétide qu'est ce commissariat de l'année 1941. J'explique comme je le peux aux trois képis nationaux qui m'accueillent la défaillance de ma tante. J'ai pris soin, avec la convocation, d'apporter son livret de famille, une attestation de domicile, mon certificat d'études avec la mention « Très bien ». Ils consignent le tout sur un registre. Cet examen et le regard qu'ils échangent en réécrivant laborieusement mon nom me mettent en position de suspect. Je mesure un mètre cinquante-huit et j'essaie en vain de faire un mètre quarante-sept pour prouver mon innocence. Ils dissèquent le contenu de cette malheureuse valise avec une minutie stratégique qui prouve toute son importance, et sur trois chemises n'en acceptent que deux. Comme le détenu est chapelier, ma pauvre tante lui a préparé trois coiffes, ils réquisitionnent casquette et chapeau, un béret suffira. Ces experts me refusent aussi le livre *Don Quichotte*, version enfantine, que j'y avais glissé, réfutent ensuite le nécessaire à raser, dont un couteau à barbe. Exclamation sévère, l'un me disant que c'est une arme, le second qu'il pourrait se trancher la gorge, le troisième que, « là-bas », M. Marcel Wayntrob aura le nécessaire.

Je rapporte avec moi une chemise, deux chapeaux et Cervantès, et je signe un reçu pour le tout. D'une voix à peine audible, je demande si je peux tout de même voir mon oncle. Rejet hautain et commisération. Dévalisé, mis à nu, j'assimile que je fais partie des parias. Même si j'ai occulté cette période, elle me conditionne. Aujourd'hui, c'est pareil, devant toute attitude culpabilisante, devant tout rabaissement, je reste sans voix, en proie à la même sensation équivoque de repli primitif. J'ai appris à raser les murs et il m'en demeurera toujours quelque chose.

« Terminus, Lyon-Perrache, tout le monde descend ! » Il va falloir vite remonter dans le train pour Toulouse. Contrastant avec ceux de Bourg-en-Bresse, les quais ici sont grouillants de monde. J'en entrevois l'aspect bénéfique : qui nous prêterait attention dans ce pullulement de voyageurs ? Rester sur le qui-vive, contrôler les itinéraires, acheter les billets et embarquer le plus vite possible dans le premier équipage Lyon-Toulouse. L'urgence est d'atteindre le guichet. Ma sœur a repéré un coin de banc en pierre, elle pourra s'y asseoir tour à tour avec Esther et Lisa. Accompagné de tante Ida, qui ne lâche pas son sac pour payer son billet, et d'Henri, à qui son père a confié un peu d'argent, patience aidant, nous grignotons une file interminable. Trente-cinq minutes nous séparent du train de 15 h 40 et nous sommes finalement échaudés : les haut-parleurs ne cessent de répéter que, « suite aux événements, le train prévu en direction de Toulouse a été réquisitionné et ne sera pas disponible ».

La cohue nous rassemble en un seul essaim. Le chahut désordonné se transforme en son contraire, un silence oppressant. Le train que nous devions prendre vient d'apparaître, un drapeau hitlérien sur la locomotive. Un long ruban ferroviaire se déroule devant nous, empli à ras bord de soldats et officiers allemands, certains fusils tournés ostensiblement vers nous. Au ralenti, il traverse la gare sans s'arrêter, devant la foule agglutinée et muette. Derrière les vitres, toute une soldatesque qui descend pour occuper le Sud méditerranéen contemple notre marée humaine de postulants voyageurs, immobile, unifiée comme une seule et même personne. Deux nations se regardent et se reconnaissent, séparées dans leur histoire et leur devenir. Et me revient en sourdine le pronostic de mon oncle des Brigades internationales : les Allemands sont condamnés à perdre la guerre.

À trois mètres de moi, une toute jeune fille, à peu près de mon âge, est assise sur sa valise. À chaque annonce des haut-parleurs pratiquement inaudible, elle se lève, tente de comprendre et se rassoit, attentive à l'appel suivant. Tout à l'heure, lorsque le train réquisitionné est passé, elle s'est dressée, rigide, clouée sur place. Il y avait de l'effroi dans ses yeux. Tous ont leur malheur, leur histoire dans cette nasse. Jusque-là, je l'apercevais de profil, elle se tourne vers moi, me découvre, je reçois la pâleur de son visage, son regard noyé et muet me révèle soudain que des yeux peuvent s'accrocher, qu'il est des langages sans parole. À peine ai-je pu remarquer le ruban blanc dans sa chevelure sombre, le col fourré autour de son cou délicat, une longue robe couleur tilleul, que l'adolescente s'est rassise. Et, juste le temps de m'interroger sur les raisons de sa présence dans cette foule surchauffée, de me demander où elle doit aller, si jeune et si seule, les traits de la neurasthénie marquant son visage, qu'elle s'est redressée, a jeté à nouveau ses yeux pâles, égarés, un instant sur moi, se mordant nerveusement la lèvre. Le dialogue fut bref puisqu'on ne s'est rien dit. Se frottant les mains sur les jambes, fragile et déterminée, elle a repris sa valise trop lourde et, se faufilant dans la foule, a disparu vers sa destinée.

Lacaune-les-Bains

Trois heures plus tard, des cheminots s'affairent, un autre train est prévu en direction de Toulouse, la ruée est inimaginable. Presque portés par elle, nous sommes désormais dedans, ballottés mais sécurisés provisoirement par ce départ de la capitale des Gaules. L'écolier exclu se souvient même de son nom latin : Lugdunum. Le train est bondé, les couloirs encombrés. Nous sommes éparpillés, hors compartiments. Notre wagon de troisième classe change constamment de voyageurs. La durée du parcours vers le terminus est étirée, syncopée de nombreux arrêts. Je passe l'essentiel de mon temps assis sur une valise instable. Henri fait de même, somnole, moi pas. Je remonte une couverture colorée qui traîne sur ma sœur ensommeillée. Je veille, c'est plus fort que moi. Le paysage est traversé de pluie, la fumée ne cesse de cracher ses escarbilles, ce trajet à vitesse ralentie est interminable.

Le train stoppe une demi-heure entre Alès et Béziers, laissant la priorité à d'autres convois réquisitionnés par les nouveaux occupants qui descendent je ne sais où, sur le pourtour de la Méditerranée. Ma hantise est qu'il ne reparte plus et que nous soyons contrôlés un par un. Enfin, la motrice daigne redémarrer sur ses rails. La psychose allemande est diffuse, le bruit court de couloir à couloir qu'il y aurait des officiers allemands en première classe. « Il paraît » qu'une escadrille de la Luftwaffe suit un chemin aérien parallèle au lombric ferroviaire dans lequel nous sommes entassés. Le front est au sud-est, pourquoi iraient-ils à l'ouest ? Notre moral bat de l'aile quand les veilleuses s'éteignent d'un seul coup, et que, voyageurs aveugles, nous roulons dans le noir. Il n'est plus aucune lumière sur terre.

Nous sommes condamnés peut-être à ne plus jamais nous arrêter. C'est ainsi qu'il nous faudra bien sept heures pour arriver à Castelnaudary, là où nous devons descendre. Cette cité est fantomatique sous le halo fluctuant d'une lune fissurée et se résume pour nous à la gare, et face à elle, clignotant, un hôtel. Il est tard, il fait faim, soif, fatigue. L'itinéraire a beau être inscrit en moi, le retard de Lyon nous contraint à y passer la nuit. Nous sonnons, nous sommes refusés, nous parlementons, il reste deux chambres, répartition, montée de bagages, bribes de toilette, nous sombrons dans une obscurité sans prière. Je dors dans le couloir. Au réveil, je me crois encore dans le train…

12 novembre de l'an 1942, Ida est en avance sur nous. Déjà installée pour le petit déjeuner, elle est même maquillée, fraîche, elle a dormi dans le train autant que les cinq autres réunis. D'un langage fait de gestes indicatifs elle s'est organisé un petit festin indi-

viduel. Ma sœur ayant prévenu que sa tante était sourde-muette, tout le monde suit la consigne. Il est d'autres clients transitoires qui comme nous dressent l'oreille, la radio passe en boucle le discours du maréchal Philippe Pantois, qui annonce d'une voix chevrotante qu'il veut éviter le pire dans cette nouvelle épreuve, ne pas ajouter du malheur au malheur, et qu'on peut compter sur lui pour assurer notre protection. Personne ne parle, on perçoit que nul ne donnera son avis devant des oreilles étrangères. C'est alors que s'élève soudain une voix glapissante, à l'accent largement approximatif, qui crie, indignée : « Ah, Pitun, lé grand, li grand salou ! » C'est ma tante Ida, debout, tartine beurrée à la main, qui s'exprime publiquement. Patron et serveuse regardent la sourde-muette à qui le chef de l'État français, ou ce qu'il en reste, a rendu la parole. Écrasés de honte, il nous faut quitter cet hôtel avant d'avoir à justifier le miracle, évacuer les deux chambres avant que de vrais désagréments nous tombent dessus. Je tente d'expliquer que c'est l'autre tante qui est sourde-muette, je règle la note abusive à l'hôtelier qui me regarde drôlement et dont je ne saurai jamais ce qu'il pense.

C'est notre seule fuite irraisonnée depuis le départ de Paris. L'ultime étape de notre échappée pour fuir l'Occupation. Harassés, nous sommes en quête de notre terre d'accueil terminale : Lacaune-les-Bains. Je veux croire à la fin du périple ; neuf, c'est la moitié de dix, comme le dit un proverbe chinois, j'ai dû lire ça dans *Tintin* ou *Sherlock Holmes*. La fin, c'est quand on y sera. Le minicar régional qui sert de navette jusqu'à Lacaune, quasi vide, est heureux de nous recevoir puisque nous sommes six. Il épouse les nombreux lacets d'un chemin où le relief change sans cesse. Je ferme les yeux par accumulation de fatigue et dans l'espoir d'un bout de terre promise. Tout voyage a une fin. Entre les secousses de deux virages, Esther, qui en a assez de ressasser en silence la scène du petit déjeuner, lance à sa sœur Ida dans un français précaire qu'elle est folle et qu'on a tous frôlé l'abîme à cause d'elle. Je tente de les calmer, d'autant plus que le ton monte en yiddish et qu'un facteur et trois paysans présents n'y comprennent rien. Certes, nous avons eu peur ce matin, mais en y songeant, tante Ida, qui a été brimée toute sa vie, a finalement hurlé au maréchal Félon son désarroi étouffé, sa vie esquintée, la soumission permanente. Je les apaise, donnant raison à chacune d'elles. Je ne sais pourquoi, Ida craint un peu Esther. Le décor à l'extérieur n'est plus le même, le panorama déploie de grandes prairies vertes peuplées surtout de moutons, moins dispersés que les vaches. C'est un pays ovin et c'est inouï, les brebis ont l'air de connaître les horaires du car. C'est le chauffeur qui l'affirme. Notre arrivée se dessine autour de maisonnettes et d'entames de rues rétrécies, nous entrons dans ce fameux Lacaune-les-Bains. Nous sommes en France profonde, l'oncle Joseph nous attend.

Je ne garde aucun souvenir de Lacaune-les-Bains. Curieuse occultation : ce que j'y ai fait, comment j'y ai vécu, où j'ai dormi, rien ne me revient. Je comprends que je suis dans un centre d'assignation à résidence. Je m'y suis senti en perdition, c'est ce qui m'en reste. Je sors d'un voyage aventureux d'un millier de kilomètres, en zigzags, de trois journées intenses et de secousses incessantes pour mener Jeanne, Esther, Ida, Henri et Lisa vers ce point de chute. Et en quelques heures, ils disparaissent de ma vue. Ma sœur est dans une ferme à l'extérieur de Lacaune, mes tantes partagent une chambre d'hôtel, entourées de réfugiés comme elles, Henri et Lisa habitent chez une cousine de leur père. Pour ma part, je suis hébergé chez un oncle complètement dépressif, et devant le canapé trône le portrait de mon cousin Clément. À part le ping-pong, le journal qui parle de l'arrestation d'un général, Delattre de Tassigny, qui s'est enfui, le petit train local, un match de rugby dont je ne comprends pas les règles, ma pensée est comme une montre arrêtée. Comme je n'ai pas d'argent de poche, la décélération est brusque, je suis un peu honteux et atteint de passivité.

Mon Golgotha en sept étapes a laissé son empreinte, toutes les tribulations, les craintes accumulées ont sans doute engendré un état de sidération. Passer à travers les mailles de la malchance historique, en évitant les trous de la passoire, mais à quel prix. Mission contrariée, mais assumée par le jeune Gabriel, du franchissement de la ligne de démarcation. Pourtant, il n'est aucune joie au but atteint. Odyssée dérisoire d'un petit capitaine de quinze ans. J'ai joué à cache-cache les yeux bandés, et si je m'en sors, je ne suis pas indemne. Je ne proteste plus, je me délite, je me dilue, j'erre dans les rues et rien ne me distrait, pas même la fontaine des Pisseurs. Aujourd'hui, le jeune vieillard qui prolonge le petit Gabriel à une autre échelle du temps, et qui l'admire, en est l'héritier malmené, écorché, peu à peu hors du jeu de la vie sociale. La mise à l'écart a présidé à mon entrée dans l'adolescence. J'ai surmonté par l'isolement l'ostracisme, l'épreuve de la séparation, de la dissociation, en restant toujours combatif. Ce garçon, mon maître, ce jeune Sisyphe qui remonte sans fin sa pierre de vie avant qu'elle ne glisse entre ses doigts, sera à jamais mon ombre intériorisée.

Côté maternel, je suis pourvu de quatre oncles, et si je peux définir chacun, du militant, du rêveur, du gai luron, l'homme muré, celui qui m'accueille à Lacaune, c'est Joseph. Il faut y ajouter deux autres, qui vivent en Pologne, l'intellectuel et l'artiste – les deux frères de ma mère qui ne survivront pas à la tourmente, tous deux massacrés, cela on ne le saura que plus tard. L'intellectuel-journaliste Pinkus et le comédien Zichè Katz. L'acteur dirigeait une troupe, le Yiddish Band, qui jouait sur la victimisation humoristique, la caricature des mœurs, entrecoupées de chansons corrosives. Il est venu avec ses partenaires à Paris, quand je devais avoir sept ans, donner deux ou trois représentations à L'Entrepôt, une salle associative près de République. J'ai, en dépit des années, gardé en moi le plaisir et la fierté de cet homme d'une grande gaieté, qui m'a couvé le peu de temps qu'il est resté. Sa fin est tragique. En tournée à New York, refusant d'écouter les conseils et supplications d'y rester, en apprenant l'agression germanique il prit le tout dernier appareil d'août 1939 faisant la liaison New York-Varsovie. Tandis que les Allemands encerclaient et transformaient en champ de ruines la capitale polonaise où vivaient son épouse et ses enfants, qu'il n'a jamais réussi à rejoindre, il a choisi la frontière russe pour y trouver asile. Quelle ne fut pas son épouvante devant une armée russe saignant à son tour la Pologne ! Entre les deux envahisseurs, le grand humoriste ayant perdu sa famille et ses illusions s'est tiré une balle dans la tête. Je pense que Zichè Katz a été un bel artiste, sincère et critique. Acteur de cinéma, il a joué dans le film de Hanski *Le Dibbouk*.

Je ne peux prétendre que j'ai eu de grandes discussions avec mon oncle Joseph, l'associé de mon père. Joseph n'est pas un homme qui cause. Maigre, fin et élancé, je le retrouve à Lacaune, négligé, voûté, absent. Nous sommes devant lui et il ne nous voit pas, on lui parle, il ne nous répond pas. Mon oncle porte sa croix. Il est atteint d'une souffrance incurable qui le dévore. Le 16 juillet 1942 à six heures du matin, au 120, rue Vieille-du-Temple, près de l'angle de la rue de Turenne, camions et cars de police parisiens encerclent le quartier, pénètrent dans une vaste cour, interrompent le sommeil de ses habitants. Par grappes, dans les escaliers, ils frappent aux portes des appartements des familles d'origine israélite, les forcent, en extirpent ceux qui y vivent : des délinquants avérés qui sont en majorité des femmes et des enfants, souvent en bas âge. Derrière l'une de ces portes, un garçonnet de huit ans en pyjama est saisi, et doit à la va-vite se vêtir. C'est mon cousin Clément. Sa mère ne peut quitter son lit, elle vient d'être opérée d'une phlébite. Comme elle ne peut bouger, un policier parisien scrupuleux décide de rapporter une civière du commissariat pour la faire descendre du quatrième étage dans la cour. L'enfant s'accroche à sa mère au moment où les agents soulèvent la civière pour la déposer dans un camion déjà rempli. D'une fenêtre, une voisine hurle son nom et le gosse se retourne vers cette femme qui le hèle : « Clément, monte chez moi, je t'ai fait un magnifique gâteau, viens ! » Elle répète son nom : « Clément ! » D'autres fenêtres s'ouvrent à leur tour, d'autres voix s'y ajoutent, appelant Clément. Et cette femme répétera plus tard que même l'un des agents a incité Clément à la rejoindre, mais que l'enfant a refusé, hurlé face à eux : « Je ne veux pas quitter maman, je veux rester avec elle ! » Il s'est agrippé au camion et hissé près de sa mère, la bâche s'est refermée sur eux. Ils ont pris la direction du Vélodrome d'hiver, rue Nélaton.

Ainsi ont disparu mon petit cousin Clément et ma tante Yolande, l'une des sœurs de ma mère. L'oncle Joseph, en revenant, a trouvé sa porte scellée et n'a jamais revu sa femme et son fils. Alerté de la rafle de ce 16 juillet, il s'était caché, croyant comme beaucoup qu'on ne s'en prendrait qu'aux hommes. Depuis, il survit en coupable. Réfugié, déprimé, assigné à résidence à Lacaune-les-Bains, il n'a pas le droit d'en sortir. Une assignation à résidence, c'est un lieu de tolérance, mais derrière cette façade, c'est surtout une prise d'otages. Il attend la suite. À nouveau prévenu par des habitants de Lacaune, cette fois il ne voudra plus se cacher : il sera raflé le 23 février 1943. Il rejoindra les victimes de l'extermination, là où elles sont enfournées, là où elles sont réduites en poudre.

Mi-janvier nous parvient une lettre de ma mère accompagnée d'un mandat. Elle a renoncé à l'idée initiale de nous rejoindre. Elle vient de quitter Paris et nous retire de Lacaune-les-Bains. Elle a choisi de nous cacher en Savoie et nous demande de reprendre le train. Elle nous attendra à Chambéry. J'ai quitté le curieux menhir de Lacaune qui m'intriguait, les juifs réfugiés jouant au rami, à la belote, au poker. Saluant un vieil homme assigné venant de Luchon, un pharmacien à la retraite qui avait un chien à poil roux également en résidence – sans doute le seul chien juif. Je laissais parler cet homme, qui aimait peindre le ciel entre les montagnes et les nuages : « Je peins le Paradis, il n'y a personne dedans. » Ensemble nous donnions notre pain aux oiseaux qui virevoltaient au-dessus de nous. Je n'ai jamais bien su où étaient les bains. Et je n'ai jamais réussi à m'intégrer à ce purgatoire pour juifs. Il est vrai qu'à Lacaune les gens qui allaient entrer en résistance ne le disaient pas. À nouveau, donc, alors qu'allait s'éteindre l'année 1942, un temps de brouillard et de neige fondue nous accompagnant, quittant le Languedoc pour la Savoie, le frère et la sœur reprennent le train, dans le sens du retour cette fois : Castelnaudary-Lyon, correspondance pour Chambéry.

Aiguebelette-le-Lac

La vie à reconstituer est toujours un rébus. Il y manque des transitions qui nous narguent et refont surface d'elles-mêmes. Alors qu'on les croyait à jamais effacées, les certitudes sont des surprises. Les retrouvailles quelque peu hâtives sur le quai de la gare de Chambéry en sont une. Les yeux vifs de ma mère, qui retrouve ses deux enfants, contents et incertains, après plusieurs mois où nous ne nous sommes vus que par intermittence. Et depuis le passage sous les barbelés, notre histoire n'a plus été la même. Regard décalé aussi sur les uniformes inconnus des soldats et un peu partout des inscriptions en langue italienne. Impression d'être dans un pays différent, d'une certaine sérénité, en contraste avec ce que nous avons traversé. Un peu plus d'oxygène pour les poumons, une sensation de calme assez déconcertante.

Nous ne nous attardons pas. Juste le temps de boire une tasse de chocolat chaud, puis direction Pont-de-Beauvoisin, assis dans un train-train nonchalant au rythme tranquille, rien à voir avec le stress habituel : on sait où on va. Ce qui s'inscrit pour le jeune voyageur que je suis est d'ordre oculaire, noir et blanc : un long tunnel creusé sous les montagnes, des veilleuses qui ne s'allument pas, on cahote dans une obscurité lente et continue, on en ressort éblouis par la lumière. Affleure ensuite au regard, comme un miroir, le lac d'Aiguebelette.

Par quel biais, quel canal, avons-nous rejoint cette cité lacustre un peu miraculeuse en pleine guerre ? Je n'en saurai jamais rien. Ce qui émerge en ce tout début 1943, c'est que nous sommes entassés dans une chambre d'hôtel, ma mère, ma sœur et moi. Les tantes et cousines ne vont pas tarder à nous rejoindre. La propriétaire des lieux, Mme Patat, déjà courbée par l'âge, régit avec vigueur tout un ensemble de réfugiés, qui sont aussi son gagne-pain. Elle est l'autorité du bon séjour que promet l'enseigne de son hôtel, accessible par un escalier de pierre et une terrasse qui surplombe le lac.

L'Europe est en feu et au milieu des flammes nous sommes en pleine accalmie. C'est une halte dans ce qui nous est infligé, qui nous laisse presque assommés. Le brasier brûle un peu partout et là, un plan d'eau tranquille impose son calme. Avec ses cent cinquante habitants et sa trentaine de migrants, il semble une parenthèse, loin du qui-vive devenu notre réflexe quotidien. Seule astreinte : aller une fois par mois à la préfecture du département signer une autorisation de séjour en tant que ressortissants. Ici nous ne sommes plus sous l'autorité allemande mais italienne, et c'est un occupant qui pèse moins, qui inspire une peur et une répulsion moins évidentes. Le motif, appuyé sur une part de vérité, donne raison à une rumeur étrange : les Italiens n'ont pas les mêmes réflexes belliqueux que les Allemands, ils n'ont pas, semble-t-il, la même outrance obsessionnelle raciale.

Qu'on imagine la violence historique de ce moment, la puissance de la Wehrmacht sur la route du pétrole, les victoires de Rommel en Libye, toutes les nations européennes sous la poigne allemande, les cataclysmes qui n'en finissent pas, et nous, le regard écarquillé sur cet écrin irisé de bleu, de vert pâle, la splendeur d'émeraude de ce lac méconnu où les yeux se perdent, ce coin lacustre en contrepoint de la réalité qui nous apaise et nous prend à la gorge.

Aiguebelette-le-Lac, c'est une année scolaire sans école, un enseignement qui m'apprend peu à peu à être seul, un flottement immobile que je ne saurais expliquer et, loin de tout, une quiétude inhabituelle. J'entre en solitude, ne dialogue avec personne, reflet muet à fleur d'eau. Je fuis l'entassement familial de toutes ces femmes parmi lesquelles je suis le seul garçon. Je ne m'agrège pas aux habitants de l'hôtel qui ne se contentent que de la terrasse. Je découvre que j'aime la marche, c'est là que je pense le mieux.

Je regarde le lac, le lac me regarde, presque jusqu'à l'hypnose. Contemplation réciproque. Et, face à ce miroir, ma priorité devient d'être seul avec lui. Je cherche des nouveaux angles pour voir le paysage autrement. Je trouve toujours un bout de plage ou de rocher. L'autre berge, plus sauvage, se perd au loin dans les nuages, et la montagne masquée par la brume en est le seul paysage. À la surface, un clapotis léger, quelques canards et, assez isolées, quelques barques.

De-ci de-là, il m'arrive d'interroger le lac et il apaise mes angoisses.

Mes questions ne sollicitent pas le langage : pourquoi suis-je ici ? Pourquoi ailleurs demain ? Peut-on vivre sans savoir pourquoi ? C'est quoi la suite ? Est-ce une nouvelle guerre de Cent Ans ? Qui a décidé que je suis juif et que je dois en être puni, sinon maudit ? Certes, je dois avoir une part de responsabilité, mais laquelle ? J'improvise une psalmodie au rythme accordé à la pluie qui de temps en temps survient comme pour aider le lac. Le lac, depuis le temps qu'il est là, a peut-être des réponses. Mon point d'interrogation se répète en un seul mot, comme un leitmotiv : « Pourquoi ? Pourquoi ? » Je crie presque, mais ce lac, dont les eaux ne sont jamais des tempêtes, est un dieu tranquille. Mon esprit ruisselant va jusqu'à se transporter dans l'une de ces barques vides, sans aviron et sans pêcheur à la ligne. Né sous une averse et ne pouvant plus repartir comme un fleuve, le lac d'Aiguebelette est sans doute lui-même prisonnier, voilà pourquoi il stagne. Et moi donc ! Et je repars sec, griffé par du grès coupant sous la plante des pieds, les brodequins à la main. Sur la route du Bonséjour, me retournant vers lui, me vient alors une réponse immémoriale : ce lac, large de sept kilomètres, est une larme tombée du ciel.

Les volets ouverts, la nuit, je suis absorbé par la vue des étoiles, peut-être est-il parmi les innombrables constellations, sous la voûte crépusculaire, une planète-miroir où vit un autre moi-même. Tout ce qui scintille est un message pour l'instant indéchiffrable. Je suis ouvert au fantastique jusqu'au petit matin, quand les étoiles sont cueillies par le jour naissant. Et c'est là, comme s'ils se mettaient debout, que se détachent au-dessus d'Aiguebelette le col du Crucifix et le col de l'Épine. J'ai du mal avec le sommeil : dans mon lit-cage que je déploie chaque soir, j'essaie de me concentrer sur des souvenirs, cela ne sert pas à grand-chose, une gomme a effacé ma vie ancienne, en dehors peut-être de quelques bobines de laine avec lesquelles je jouais quand j'étais bambin.

Je ne lis plus : des livres, il n'y en a pas ici, il faut faire vingt kilomètres pour en trouver, je n'ai pas d'argent de poche et de toute façon pas question qu'on me laisse y aller. J'essaie de me tenir compagnie, et ce n'est pas évident. Le ravitaillement est le problème immédiat, mon rôle le plus utile est la recherche de lait, de fromage, de quelques œufs ou patates. Il y a un petit réseau de fermes dispersées à mi-hauteur au-dessus du lac. Les chiens aiment aboyer sur moi, et qu'ils n'aient pas de chaîne ne me rassure pas. Je reviens de ces hameaux le soir, la musette plus ou moins remplie, traversant parfois sous la pluie une forêt de plus en plus sombre où je m'égare, cerné de bruits indéchiffrables, de loups hostiles qui me suivent à la trace. Pour éviter toutes ces mains qui s'extraient des troncs d'arbre pour m'agripper, je tente de fuir et rentre alors en courant, renversant le lait.

Les autres enfants étant plus jeunes que moi, je finis par me mêler au jeu de pétanque des adultes. Je mesure avec une cordelette la distance séparant les boules du cochonnet, ce qui me vaut une certaine considération. Sur la terrasse de Mme Patat, je joue aux échecs avec un vieux monsieur hongrois qui a été déposé là par une nièce qui a de jolies jambes et vient lui rendre visite tous les dimanches. Il écoute Radio Londres et, secret, me chuchote pour que nul n'entende ce message énigmatique de la veille : « Demain, Barbe-Bleue rasera ses moustaches. » Il me confie en essuyant la tour que la grande armée invincible de Monsieur Adolf commence à avoir des ratés, et même à sombrer sur les bords de la Volga, à Stalingrad. Heureusement que les Américains ne sont plus si loin que ça. Il partira aux États-Unis après la guerre. Comment peut-on penser à après la guerre ? Il gagne tout le temps, ce qui me déprime. Par lui je sais ce qui se passe, il m'annonce les bombardements massifs de la Royal Air Force et, l'index en l'air, tenant un cavalier, que le général de Gaulle a quitté Londres pour Alger, tout en me mettant échec et mat. Ramassant les pièces et comme si c'était d'actualité, le Hongrois me raconte qu'Hannibal, deux cents ans avant Jésus-Christ, est passé à Aiguebelette avec une armée d'éléphants. Comme j'ai entendu « cannibale » et que je ne vois pas bien ce qu'un cannibale viendrait faire avec des éléphants à Aiguebelette, je lui dis que je ne le crois pas, il s'énerve et ne veut plus jouer avec moi. Une fois sur la plage, j'imagine tous ces éléphants avec leurs trompes pompant l'eau du lac. Puis un jour apparaît mon oncle Maurice, qui descend du train, héros de la guerre d'Espagne.

Il n'était pas tellement loin de nous, puisqu'il vient de Grenoble, où il est – je l'apprendrai plus tard – l'un des responsables de la MOI (Main d'œuvre immigrée, un groupe résistant d'étrangers de France). Il vient de recevoir un S.O.S. d'un autre de mes oncles, Binem (Bernard), le plus jeune frère de maman, qui est en situation délicate, pour ne pas dire en danger, et qu'il faut extirper d'urgence de Paris avec, à la clef, un changement d'identité. L'oncle Maurice convainc le petit conclave féminin que ma silhouette, qui me donne l'air d'avoir treize ans, est appropriée. Je me retrouve nanti d'une valise en cuir bouilli sans savoir qu'il y a en double fond une liasse de faux papiers pour un réseau en difficulté à Paris. Effrayé quand même, j'apprends ma leçon par cœur, une grand-mère mourante, un père prisonnier de guerre, un aller-retour rapide, etc.

Train de nuit avec arrêt à Vierzon. Affalés sur des banquettes, nous dormons tous. Une sorte de douane persiste sur l'ancienne ligne de démarcation, contrôle de principe. Je domine mes mains qui tremblent, la torche du contrôleur allemand heureusement ne s'attarde que sur les visages. Il choisit au hasard deux paquetages, y jette un œil et reprend son contrôle dans d'autres compartiments. Le principe édicté, c'est qu'il ne faut pas perdre de temps à Paris. Je suis saisi par l'odeur insistante de citronnelle du métro, comme lorsque j'étais petit et parisien. Bref instant de crainte à la station Château-de-Vincennes, lorsque je passe sans presser le pas avec ma valise entre des flics en uniforme. Je suis attendu par mon oncle dans un café, Le Terminus du Château. Du moins je le crois, je ne l'apercevrai même pas, « raison de sécurité », me dira-t-on. Un grand jeune homme frisé qui lit *L'Auto* – le journal sportif tout jaune – vient s'asseoir à ma table.

Il sifflote presque à mon oreille un air yiddish universel : *Ba Mir Bis Di Schein*, une chanson d'amour pour toutes les mères juives du monde – qui plus tard sera un succès mondial de jazz –, je sursaute. Il connaît mon prénom, évoque mon oncle, un message à transmettre, me remet un petit dictionnaire de sa part et repart presque avec insolence, en sifflant le même air, portant la valise et les cartes d'identité qu'il y a dedans.

J'ai une envie insensée d'aller rue François-Miron, où nous habitions jusqu'à la grande rafle. Le métro est direct jusqu'à Saint-Paul et je jubile en imaginant la tête que ferait la concierge en me voyant. L'idée est dangereuse et j'y renonce. Je passe devant le zoo de Vincennes, me souvenant d'y avoir été avec mon père : j'étais monté sur ses épaules pour essayer d'être aussi grand qu'une girafe. Il y a une guérite allemande devant, ont-ils si peur que les orangs-outans s'évadent ? Je contourne l'impressionnant château de Vincennes, certains disent que Louis XIV y aurait enfermé le masque de fer, son frère jumeau. Me revoici gare de Lyon, je pense à ma petite patrie aquatique, je ne me sentirai à l'abri qu'à Aiguebelette.

À nouveau au bord du lac savoyard, sur une petite crique cette fois, je monte sur une barque avec un garçon croisé deux ou trois fois, qui s'appelle Philippe, et que j'avais d'abord trouvé snob. Être là, en plein centre de l'oasis-océan, me bouleverse et m'envahit le corps et l'esprit comme un point d'orgue. Je m'asperge le visage de l'eau du lac, je suis debout, ivre, entre le liquide et le ciel. Philippe m'observe, étonné, il sort un paquet de cigarettes, se sert, m'en offre une, se lève pour l'allumer. Je n'ai jamais fumé et suis pris d'une quinte de toux, hoquette, m'accroche à lui. Il me dit de respirer avec les narines, me tape le dos, la barque déstabilisée tangue, manque de se renverser. Le canot arrimé, j'en suis quitte pour une belle frayeur, persuadé que, comme mon père, je ne fumerai jamais. Deux semaines après, je connais un jour faste : je réussis d'abord à nager, c'est ma première brasse, et dans la foulée, une heure plus tard, à maîtriser une bicyclette prêtée par Philippe. Éberlué, je n'en reviens pas et me sens moins damné que je ne l'aurais cru.

Mon oncle Bernard nous rejoint peu de temps après, mais il n'est pas seul. Il amène avec lui une femme, l'épouse d'un prisonnier de guerre. Ils sont amoureux. Il y a un problème de place à l'hôtel Bonséjour. Du coup ma mère s'arrange avec une certaine Mme Delièvre, qui se trouve être la mère de Philippe, et me voici hébergé chez elle, dans une belle chambre. Philippe veut m'initier à la respiration de l'éther, ça me rappelle trop les anesthésies. Il a un an de plus que moi et je fais ses devoirs, ça me revigore, je gère les conflits entre les Armagnacs et les Bourguignons et me complique la vie avec le carré de l'hypoténuse. Les rapports avec ma mère sont devenus difficiles, c'est la seule autorité et je suis devenu rétif, je me rebiffe. Je ne vois guère ma sœur, qui est à Lépin-le-Lac, placée dans une autre famille. Je ne suis pas sûr qu'elle y soit heureuse. Est-ce dû à l'éther ? À Mme Delièvre qui prend trop cher ? Par précaution ? C'est un peu la règle, disperser les enfants. Me voilà de nouveau ballotté, je ne sais pas comment ni pourquoi, dans les hauteurs boisées, chez un couple de bûcherons.

Monter, descendre, tout ici est en pente. Il y a une tête de cerf dans ma chambre, je lui tourne le dos, je n'aime pas les trophées de chasse. La femme et son mari se taisent la plupart du temps, vivent en autarcie, évitent de descendre au village. Ils font beaucoup de bruit la nuit. Ça sent toujours la fumée, il faut nourrir la cheminée et ça m'irrite la gorge, me donne mal à la tête. Les arbres sont abattus à la hache, leur chute est spectaculaire. Je me retrouve avec un sécateur à émonder leurs feuillages. C'est rude pour moi, je n'ai pas la force physique de me battre avec des branchages. Tous les repas sont faits de marrons, que ce soit la soupe, la purée, le café au lait, les desserts grillés sur la braise. J'en attrape une phobie absolue. En trois semaines, j'ai fait le tour de cette expérience et me retrouve de nouveau chez Mme Delièvre. Mais cette fois, juste pour y dormir.

Un événement insolite survient : un inconnu, imperméable et lunettes, se présente chez Mme Patat, la propriétaire de l'hôtel. C'est le mari de la femme de mon oncle Bernard, comment le dire autrement. Il a été libéré, dit-il, grâce à Pierre Laval et à la Relève qui permet d'échanger trois ouvriers français volontaires pour travailler en Allemagne, contre un prisonnier de guerre. S'il a fait tout ce chemin jusqu'à Aiguebelette, c'est pour retrouver sa femme qu'il entend ramener à Paris. Il lui demande de faire ses bagages, sans succès, elle ne veut pas. Il devient violent, frappe mon oncle, qui réplique, une bagarre hélas pas si absurde, mais il repart sans elle. Je réfléchis, songeur, aux dégâts de l'amour. Il fait chaud, l'été est en avance, et sur le miroir du lac le soleil reflète des sillons mauves, jaunes et mordorés.

J'inaugure une nouvelle occupation, grâce à mon dictionnaire. Depuis quelque temps, je m'amuse à rassembler alphabétiquement les mots pour mieux les connaître, m'en souvenir. Je peux passer huit jours, même des nuits rien qu'avec la lettre « M », une lettre qui s'impose à moi sans que je me l'explique. Avec la même initiale, je fabrique des mots-rencontres, ce qui donne des résultats bizarres, par exemple : *Métronome majuscule*, *Métamorphose morale*, *Malnutrition mystique*, *Monarchie magnétique*. Je ne comprends pas toujours, j'obéis, j'accouple des mots qui ne s'y attendaient pas, après, qu'ils s'arrangent entre eux. On peut multiplier, j'aime ça, *Monotonie majuscule du meurtre*, *Miel multiforme des moribonds*, ou même *Momie qui meurt multiplie les martyrs* !

Bouleversement inouï : le Hongrois dévale l'escalier, il vient de l'entendre à la radio, l'armée américaine a libéré l'île de la Sicile. Et le Duce, Benito Mussolini, a été renversé et, mieux, arrêté. Je doute, c'est impensable ! J'ai tort. Les troupes alliées, me précise le joueur d'échecs, viennent de prendre pied au bas de la botte italienne, en Calabre. Ma traduction est qu'ils ont mis le pied en Europe. Nous sommes tout début septembre, je calcule dans ma tête que la guerre dure depuis quatre ans, et que ça me devient inimaginable. C'est difficile d'avoir une pensée normale. Qu'est-ce qu'il faudra faire à l'avenir pour que la paix ressemble au lac d'Aiguebelette ? Nouveau retournement de situation quinze jours après : arrivant de Chambéry, ses jambes courant vers nous – c'est ce que je regarde en premier –, la nièce du Hongrois, ébahie elle-même, annonce que l'Italie vient de capituler devant les Alliés. Et ce n'est pas tout : en même temps, l'Italie déclare la guerre à l'Allemagne ! La nouvelle nous donne le vertige, pour la première fois se laisse entrevoir la lueur d'une fin rapide et victorieuse. Comme une pendule qui oscille dans un sens puis dans un autre, notre bonheur sera bref. Cette merveilleuse nouvelle s'avère néfaste pour nous dans ses conséquences immédiates. Les événements évoluent vite : la soldatesque allemande entre en Savoie, l'occupe et entame la chasse à ses anciens alliés. Un épisode à donner le frisson, une patrouille de soldats italiens en fuite passe par le village, à peine le temps de leur donner de l'eau. L'un d'eux, vingt ans, est retrouvé dans la forêt de broussailles hantée que je traversais, empalé contre un arbre, une baïonnette plantée dans le ventre. Les loups ont eu leur proie.

Aiguebelette-le-Lac a cessé d'être un havre. Déstabilisés, une circonstance dramatique va nous faire quitter précipitamment cet écrin à fleur d'eau. L'élément déclencheur est la réquisition effectuée par les gendarmes pour le S.T.O. – Service du travail obligatoire –, un succédané de la Relève au titre de la Collaboration. Devant la mairie ouverte, quelques volontaires sont là et signent pour recevoir leur pécule avant leur destination : le IIIe Reich. D'autres manquent à l'appel. Les gendarmes, munis de leurs listes, font des allées et venues en voiture, sillonnent la région vers la pêcherie, les hameaux voisins et en ramènent quelques-uns. Certains sont harponnés au hasard. Parmi eux, mon oncle Bernard, se faufilant par la porte arrière de l'hôtel, a été interpellé dans les parages. Plus tard, tout ce que j'apprendrai, c'est qu'il a présenté ses papiers, qu'ils étaient faux, qu'ils ne s'en sont absolument pas aperçus et lui ont asséné : « On vous a trouvé du travail ! » et l'ont illico jeté dans le fourgon des travailleurs volontaires. Il est clair qu'ils n'ont pas le contingent convenu. Ils ratissent chaque chambre de l'hôtel, en sortent trois hommes, dont l'aide-cuisinier grec du Bonséjour. Mme Patat, aussi âgée soit-elle, bec et ongles s'en mêle, le maire aussi : finalement il continuera à cuisiner. Ce ne sera pas le cas d'un horloger alsacien réfugié ici avec sa mère. Le troisième, tremblant, proteste en vain, c'est le champion d'échecs hongrois, ses papiers ne sont plus en règle, vérification sera faite à Chambéry. Le convoi repart avec sa cargaison de recrutés de force. Ce sera la contribution d'Aiguebelette-le-Lac à la production industrielle allemande.

Le commando de gendarmes à peine reparti, la petite communauté paisible des habitants du lac se réunit sur la terrasse de Mme Patat. Rebelles et vindicatifs pour nombre d'entre eux, ils n'ont qu'une idée, sauver leurs jeunes gens dont certains sont déjà revenus des hauteurs où ils s'étaient cachés. Pas question d'obéir aux réquisitions, la détestation des Allemands est nette. De l'autre côté, en opposition villageoise, le parti de la prudence, attentiste, devenu minoritaire, donne son point de vue :

— Ce n'est pas une déportation, il y a quand même des contrats d'un an avec des salaires.

— Attention à ne pas devenir des otages… Y a malgré tout un problème avec les *étrangers* !

Au moment des réquisitions, je n'étais pas sur place, je prenais mon petit déjeuner chez les Delièvre lorsqu'on a sonné. C'était Lisa, tout échevelée, qui me transmettait une recommandation expresse de ma mère : ne quitter à aucun prix le pavillon des Delièvre avant qu'elle vienne elle-même. Réfugié dans le grenier, j'étais rongé par l'attente, de ma petite fenêtre, je n'avais de vue que sur le lac. La conclusion ne fut pas glorieuse : Mme Delièvre pria ma mère de me récupérer immédiatement, elle n'avait aucune raison de prendre des risques pour elle et son fils. Philippe, le soi-disant rebelle, ne me tendit même pas la main. Ils me chassaient, je repris mes affaires de toilette, j'avais honte pour eux et ils sortirent de ma vie.

Ma mère, qui était émotive mais lucide, en tremblait encore, prise de peur pour moi, douloureusement affectée par l'arrestation du plus jeune de ses frères, pensant ne plus jamais le revoir. Mais elle tint tête à son chagrin. Les raisons de notre présence à Aiguebelette s'étaient éteintes. L'étau direct allemand et policier, le piège que constituait dorénavant malgré elle cette petite cité de pêcheurs-paysans nous contraignait au départ. Que faire ? Il n'y avait pas d'autre issue que de prendre les devants. J'en étais évidemment d'accord. Je savais les gestes qu'il convenait de faire, les valises, les paquets, le cartable avec le dictionnaire, remettre l'argent qu'on devait à Mme Patat. Le cauchemar récurrent des transitions recommençait, à nous d'en reprendre les habits. Ma mère, inquiète, partit avec l'aide véhiculée du cuisinier grec chercher sur-le-champ ma sœur cachée à Lépin-le-Lac.

Accoudé à la rambarde de la terrasse, j'ai la mélancolie du départ. Je me suis vu contempler le lac, des yeux j'en ai embrassé la surface, une pluie fine balayait les roseaux, des vaguelettes ondulaient, fragiles, que je ne verrais plus. Je ne sais pourquoi j'ai pensé à ses habitants invisibles, les poissons, bannis du sol terrestre. Et quand tout fut prêt pour quitter ce point d'ancrage qui pour moi était un océan, j'eus une dernière vision, celle de la nièce du dimanche dont je n'ai jamais su le prénom, ses jambes étirées sur les marches de pierre de l'escalier de l'hôtel Bonséjour. Des larmes teintent ses yeux noirs de jeune Hongroise, et sur ses genoux elle serre le jeu d'échecs de son vieil oncle disparu. Puis, bagages en main, Aiguebelette-le-Lac s'estompa de notre itinéraire, et persistant dans la mémoire, le long tunnel du chemin de fer nous avala.

Romans

Là où j'avais le miroir du lac, les cèdres d'une colline, la contemplation du ciel, j'ai désormais la turbulence d'une ville. Cette ville, je peux en dire le nom, Romans-sur-Isère. Je ne peux rien en dire d'autre, puisque je suis condamné au plus petit espace possible, sans pouvoir m'en extraire. Les murs à la place de l'horizon ne sont pas forcément une prison, mais sans indépendance, ça y ressemble. Je ne m'attendais pas à cette interdiction. Maintenant que je suis cloîtré, tout est flou, mes repères vacillent. Je suis coupé des miens, reclus, j'en deviens hermétique. J'ai le mal de l'enfermement, je suis taiseux. Porte close, assigné à demeure, j'étouffe.

Qu'arriverait-il si on arrêtait ma mère ? Je chasse cette affreuse hypothèse, je me frappe la tête contre la porte afin qu'elle s'ouvre, mais sans clef on ne peut être que perdant. La clef est le symbole de la liberté, puisqu'elle permet d'agir dans les deux sens : ouvrir ou fermer. On m'en avait donné une le jour de mes douze ans, je l'ai reçue comme une marque d'accession à l'autonomie. Sans clef personnelle, je suis un banni, un pion apatride errant de ville en ville. Exister sans apparaître est une négation, une abrogation de soi. Du fond d'une tanière, dans toutes ces années troubles, je me suis dissous, j'ai vécu comme j'ai pu.

Pourquoi n'ai-je jamais voulu porter de montre ? La réponse est claire, c'est une soumission trop précise, je ne veux pas savoir que le temps passe. À quoi cela sert-il quand on ne rencontre personne ? Le vrai rythme, c'est avoir un endroit à soi, même une hutte, d'où l'on part, où l'on revient, c'est le paysage qui donne l'heure. Troisième ou quatrième année que je ne cesse de fuir, chaque fois dans l'urgence. Transplanté, ethnie ou pas, j'essaye au moins de réinventer ma relation à l'espace, d'imaginer des alentours. Respirer, se mouvoir, marcher, c'est primordial. Explorer une ruelle inconnue, un nouveau sentier est une brèche dans l'ignorance. Ici, mon panorama est assujetti à Madeleine Monnier.

Incapable de me rappeler comment le voyage s'est passé et si nous sommes restés un moment ensemble. Ce qui précède s'estompe, je me retrouve dans un appartement inconnu, avec son odeur persistante. Je viens d'y être amené par une femme que je ne connais pas, assez âgée, toute droite, très calme et qu'on appelle Mademoiselle. Elle me confie à une femme rousse bien campée sur ses pieds, un regard qui me scrute, et voilà que toutes les deux, assises, m'entourent, m'expliquent, palabrent, m'envahissent. J'ignore si on peut fermer les oreilles comme on ferme les yeux, je ne saisis pas ce qu'elles disent, leurs voix désaccordées ne me parviennent pas. Assourdi, déraciné, je suis une coque autiste. Elles viennent de boire du thé dont je n'ai pas voulu, puis Mademoiselle s'en est allée, la porte s'est refermée sans bruit, la valise entre les pieds je suis resté seul avec cette femme inconnue.

Silence entre nous. Je me connais, je suis atteint de mutisme quand je me sens agressé, amoindri. C'est elle qui le rompt, elle me dit qu'elle s'appelle Madeleine, récupère la valise qu'elle dépose dans une autre pièce : « Voilà, c'est ta chambre. » Je réponds de la tête que j'ai compris, sans bouger. Elle prépare un repas, la soupe sent bon, c'est du potiron, même réticent je finis par prendre la cuillère et mange. Je pense intensément à ma mère et à ma sœur, à cette nouvelle séparation, me demandant combien de temps je resterai là, et réponds avec retard que je m'appelle Gabriel, comme si elle ne le savait pas. Elle me dit que je suis le grand messager attendu dans les deux Testaments. C'est ainsi que commence notre vie à deux.

Je suis un chat sauvage laconique, pas facile à vivre, il va falloir que je m'accoutume à ce tête-à-tête. Elle ne me brusque pas, ne cherche pas à m'apprivoiser, ce qui est malgré tout positif. Cette Madeleine est infirmière à domicile, elle prépare les cotons, les seringues, des fioles, des pansements, l'Albuplast, de l'alcool oxygéné et je ne sais quoi d'autre. Elle met des gants blancs en caoutchouc qu'elle fait bouillir pour massacrer les microbes. Parfois elle a l'air d'une sorcière, quand son chignon s'éparpille sur ses épaules. Elle marmonne toute seule et son accent est différent dans ces moments-là. Ensuite, elle se prépare, se repeigne, met un manteau à capuche, part rejoindre ses malades avec une curieuse sacoche couleur crocodile aux écailles gris clair. Et avant de franchir la porte qu'elle ferme à clef, elle me lance toujours la même phrase : « Toi, tu sors pas. » Je ne vois pas comment je pourrais faire ! Du coup, je demeure seul, le logement vide devient une contrainte, un isolement de trois heures, parfois plus, c'est bien long, le temps anxiogène est interminablement immobile.

Il a fallu que je m'adapte à certaines règles. Loi numéro un : éviter de faire du bruit quand elle s'absente. Avoir des chaussons aux pieds, jamais d'éclats de voix, et s'il n'y a pas de radio, par exemple, c'est exprès. Tout se précise dès le premier matin après le petit déjeuner. Moment neutre, je vais spontanément vers la fenêtre, elle bondit, m'agrippe, me ramène en arrière, ferme rapidement le rideau devant mon nez, puis, face à moi, d'une voix rauque mais chuchotant entre les dents, ce qui m'impressionne : « Tu n'as pas entendu ce que Mademoiselle t'a dit avant de partir ? Pas la fenêtre, c'est défendu ! » Ajoutant : « Pas la fenêtre. Jamais ! » sans me lâcher, les mains collées autour de mes bras, « Jamais ! *Verboten*, comme ils disent ! » Je suis interdit, c'est le cas de le dire, elle ajoute en m'écartant du rideau : « Personne ne doit deviner que tu es là, Personne ! Tu es caché, caché, tu comprends, il ne faut pas qu'on te remarque. » Comme elle voit ma tête, elle continue, changeant de voix, son regard dans le mien : « Tu dois le comprendre, il ne faut pas qu'il y ait de problème pour toi, et pour moi non plus ! » Elle articule chaque mot : « C'est pas pour t'embêter. Mais pour te protéger, pour qu'on se protège ensemble. » Le message passe, j'acquiesce. Elle me lâche sans me lâcher, rumine des mots que je ne perçois pas bien. Mais, n'empêche, ne plus observer la vie de la rue, les immeubles d'en face, la circulation, même pas un petit bout de ciel étriqué !

Le plafond est haut, le rideau clos est vaste, parme avec de longues lignes verticales de couleur orange, prune et vanille, tout l'automne 1943 ce rideau de couleur fruits va me séparer du monde, me couper de la société, de la ville de Romans dont j'ignore à quoi elle ressemble, de l'Isère qui la traverse. Je deviens sensible aux coups de klaxon, aux bruits de chariots qui grincent sur le pavé, à la chute de la pluie qui tombe et tinte sur la chaussée, l'extérieur prend une existence sonore, ces bribes me font rêver, m'empêchent de sombrer dans la neurasthénie. Quand elle est de retour, libère enfin les rideaux, se montre à la fenêtre, comme s'il attendait ce signal d'ouverture, le jour encore bleu qui ressemble à la mer inonde la chambre, se déverse sur le parquet. Je peux alors nager dans cette clarté, mais j'ai un sacré impératif : m'arrêter un mètre vingt avant la fenêtre. Ma logeuse a même tracé une ligne avec de la craie. C'est ma nouvelle ligne de démarcation.

Le plus contraignant, c'est que même de jour je suis dans une pénombre permanente, je m'en accommode mal. Pourtant, je dois l'admettre, je m'habitue peu à peu à cette Madeleine Monnier, à ses allers-retours, et finis par l'attendre. Pour le reste, on s'arrange, c'est moi qui prépare la table, qui fais la vaisselle du midi, si on épluche on épluche ensemble, elle repasse mes chemises, s'occupe de mon linge. Je n'ai jamais su me peigner, elle me brosse et devient même ma coiffeuse : elle me coupe les cheveux, c'est un moment que je ne déteste pas. Elle me projette de son parfum, la sensation est agréable. Hélas, elle a des impératifs qui nous interrompent, le samedi après-midi elle reçoit des visites : on disperse à la va-vite les traces de ma présence et je m'expatrie, coincé dans ma chambre avec pour tout horizon la peinture d'un navire de guerre au mur. C'est la situation que je hais le plus, je suis comme au piquet, amenuisé dans quelques mètres carrés, et je ressens une sorte de cruauté. On fait de moi un retranché ; j'ai appris à subir, mais n'empêche, une colère d'humilié me ravage. Par la force des choses j'apprends à me dominer, et je finis par m'injurier tout seul. Je le sais, que ma mère fait tout son possible pour nous sauver, qu'il y a des armées alliées qui se battent pour qu'un jour je sorte libre, alors que moi j'en reste à mon ego de chanceux qui continue à vivre.

De temps à autre, Mademoiselle réapparaît, elle apporte des nouvelles de ma mère et de ma sœur. J'apprends qu'elles ne sortent guère, mais, chose importante, que Jeanne a quand même pu retourner en classe, qu'elle en est contente, elle a de bonnes notes et Mademoiselle veille particulièrement sur elle. Elle me rapporte toujours quelque chose de la part de ma mère, et bien que je ne grandisse pas beaucoup, mes vêtements se dépareillent, pyjama, linge de corps, pull et chaussettes. J'écris un mot pour la remercier, la rassurer, en même temps que j'entends chuchoter les deux femmes. Elles évoquent le Vercors et l'arrivée de miliciens qui patrouillent dans la ville de Romans, il y a des délations, des arrestations, toute la population les craint et cherche à les éviter. J'écoute et sursaute quand la visiteuse s'adresse directement à moi, afin que je sache, avant qu'elle ne parte, que la Corse, après quelques batailles, fait partie de la France libre.

J'ai demandé à Madeleine qui est cette « Mademoiselle » à lunettes, à la silhouette frêle, habillée en veuve. Je crois comprendre que c'est une directrice d'école qui s'occupe d'enfants réfugiés, et je n'en saurai pas plus. Madeleine voit bien que je me tourmente, autour d'une purée et d'un bortsch de betteraves – ce qui m'étonne –, elle me demande ce qui me tracasse. Je lui affirme que « je n'existe pas », elle me rétorque : « C'est normal, tu n'es pas encore né », et lorsque je la provoque : « Alors, c'est quand ma naissance ? », elle me dit que la réponse est dans les cartes et Winston Churchill. Alors elle m'initie à sa principale distraction, les jeux de cinquante-deux cartes qu'elle sort pour un oui ou pour un non. Ce qu'elle préfère, ce sont les réussites. Elle se met en peignoir oriental aux couleurs vives. C'est tout un cinéma, elle sort un étui noir, brillant, au bout duquel elle allume de longues cigarettes fines avec un briquet dont elle me dit que c'est de l'or, me fait battre les cartes, les rebat en soufflant dessus, et un œil fermé j'en choisis sept. J'ai droit à un vœu secret, et j'en ai bien plus qu'il n'en faut.

Lorsque je veux savoir pour mon père, elle répond qu'il faut que les cartes parlent, quelquefois ça dure des mois. Elle me dit quand même que je serai un pacha et que je naîtrai cinq ans après la guerre. Mais à deux conditions, que la guerre finisse et que je sois vivant ! Elle adore faire des crapettes, je m'y applique aussi et nous passons des heures à jouer, le rouge et le noir des cartes s'intercalant en de longues files sur la table en même temps que Madeleine n'en finit pas de se délecter de petits verres de thé sortis de plein de petites boîtes aux arômes différents. Je m'y laisse prendre. Puis je me couche les yeux papillotant, m'enfouis sous le gros édredon rouge. Je fais souvent le même rêve : je chute dans un puits sans fond jusqu'à ce que sonne le réveil de sa chambre. Elle prépare le lait, le café malt, du pain margariné et des fruits secs, et frappe à ma porte.

Elle souhaite savoir pourquoi je ne prie pas, je dis que mon père ne priait pas. Et pourquoi elle ne prie pas, elle ? Sa réponse est qu'elle est orthodoxe et que, comme il n'y a pas d'Église orthodoxe, ça ne sert à rien. C'est une drôle de femme. C'est la première fois depuis ma naissance que je rencontre une orthodoxe. Je lui dis qu'au début de la guerre j'ai été réfugié chez une Mme Meunier, et que *Monnier* et *Meunier*, ça se ressemble, que l'autre était plutôt une drôle de catholique. Elle veut savoir à qui va ma préférence. Très spontanément, et de loin, c'est bien à elle ! Je sens qu'elle est satisfaite, me déclare qu'on va fêter ça et revient avec deux verres miniatures et une petite bouteille de vodka. Elle affirme qu'elle aussi est contente de moi, et je m'étrangle en buvant. Je ne suis pas encore assez orthodoxe.

Nous sommes face à face. Plongée dans ses pensées, elle n'est plus avec moi. Elle sort brusquement de sa rêverie, elle est nostalgique, et peu à peu, par bribes et sautes d'humeurs, avec un peu de confiance, je vais connaître son passé. Monnier, c'est le nom de l'homme qui a changé sa vie, l'a amenée à « Romans en France » et l'a épousée. C'est comme une clef qu'elle me donne lorsqu'elle me dit qu'elle est native de très loin, d'Odessa. Mme Madeleine Monnier est russe, je ne le savais pas, sa jeunesse a été romanesque, l'amour – « l'amourrr », me dit-elle – a beaucoup compté, l'amour et la Révolution russe par-dessus. Loïc Monnier était un jeune lieutenant de marine envoyé en 1919 en Russie avec une escadre française pour soutenir le tsar et l'armée blanche, elle avait vingt ans, ça a été irrésistible, le coup de foudre. « La vie peut changer en quelques minutes », me dit-elle en allant chercher une photo sous cadre dans sa chambre. « Regarde, il ressemble à Pierre Richard-Willm – un acteur renommé du cinéma français –, il est beau, non ? » C'est elle que je regarde, et vraiment elle est très belle aussi, taille fine, rousse élancée, des boucles en torsades autour du visage, des yeux clairs un peu fauves, des lèvres attirantes. Oui, une beauté slave et moderne. « Je troublais les hommes », elle le dit d'abord en russe et me le traduit.

Elle a reçu une éducation francophile, comme souvent dans les familles aisées des pays de l'Est. « C'étaient tous des gens de qualité », me dit-elle. Des banquiers, des généraux, des industriels, une grand-mère noble, mais les Bolcheviks ont nationalisé leurs biens, leurs richesses. « Quand l'escadre envoyée par la France est arrivée en rade d'Odessa, moi j'étais traductrice, j'avais vingt ans et je suis tombée dans les bras de ce jeune homme et de son uniforme. C'était un tourbillon violent, la moitié mâle de ma famille a été arrêtée, il y avait des massacres, j'ai commencé à faire l'infirmière. Mais les marins russes de la mer Noire se sont ralliés aux nouveaux maîtres. Odessa, ma ville, est passée dans le camp des drapeaux rouges, de la faucille et du marteau. Pour eux, j'étais une jeune bourgeoise blanche, j'étais perdue. Alors le marin français m'a emmenée de nuit dans son navire. La flotte repartait en France, il m'a cachée clandestinement dans sa cabine. En 1919, il y avait des problèmes avec les matelots de l'escadre française : la guerre était terminée depuis plus d'un an et ils ne voyaient pas très bien ce qu'ils faisaient encore en Russie. Loïc Monnier, lui, savait, mais il a eu des tas de difficultés quand on m'a découverte en pleine Méditerranée. Un vrai procès, on ne pouvait pas nous jeter à l'eau, mais il a été pénalisé et sa carrière maritime a été suspendue : plus de navigation, muté dans l'administration. Ça le chagrinait, mais il s'en moquait, et du port de Toulon, il m'a emmenée à *Romans en France*, là où il vivait. » Elle prononçait « romance » et ne disait jamais « sur Isère ».

Elle a été adoptée par la famille de son mari, son beau-père lui a appris la reliure. Ils ont même restauré ensemble les couvertures des œuvres de Georges Duhamel. Elle était veuve depuis six ans. Cette histoire de Madeleine Monnier m'a beaucoup frappé, elle s'est inscrite dans ma mémoire. Au fond, la paix n'était qu'un entracte, les deux guerres, les destins bouleversés se sont confondus. C'était la première fois qu'on me racontait une histoire d'amour. Je n'ai pas osé lui demander si elle avait rencontré d'autres messieurs, ma main au feu que non. Les quelques personnes qui venaient, c'était pour récupérer des commandes ou lui confier des reliures, un mélange de libraires, de particuliers. S'il n'y avait pas eu la guerre, elle aurait laissé choir ses seringues et ses bandages. Elle commençait à avoir une clientèle, ils venaient de Lyon, Briançon, Annecy, même de Suisse. D'ailleurs, quelqu'un de Lausanne venait avec pour trésor les très longues cigarettes russes et les boîtes de thé.

J'ai été stupéfait quand un jour elle m'a sorti de la chambre et m'a présenté comme son neveu à ce bibliothécaire en retraite. J'étais soufflé. Soi-disant je l'aidais et j'étais attiré comme un aimant par les livres. Tous les trois nous avons pris le thé ensemble, c'était le premier être vivant que je voyais en dehors de Mademoiselle, il faisait encore des transactions pour les bibliothèques de langue française en Suisse, et sa spécialité c'étaient surtout des cycles de romans interminables. Vingt ans auparavant, il avait connu Romain Rolland qui vivait alors en Suisse. Il avait une dizaine de livres sortis de sa sacoche qui portaient ce nom, empilés sur la table. J'étais curieux, je voyais aussi le titre sur la reliure à remplacer, *Jean-Christophe*. J'ai appris que l'auteur était pacifiste, que c'était l'une des grandes figures du siècle, qu'il avait eu des problèmes à cause de ses attitudes et que la Suisse l'avait accueilli pendant vingt-cinq ans. J'ai cru d'abord que c'était dix fois le même exemplaire, l'homme m'a détrompé, c'était le même livre qui continuait. J'étais sidéré. J'ai été enchanté de le saluer quand il est reparti, en emportant à Lausanne un certain nombre de volumes reliés d'un autre Romains, dont le prénom, Jules, était brodé sur la tranche au pinceau fin par Madeleine.

Les livres ont été la grande aventure de ma cohabitation avec celle qui a été « ma Madeleine ». Ce n'est pas venu tout de suite, j'ai mis un grand mois à sortir de mon cocon oisif. Au début, ces livres étaient des reliques que je n'avais pas le droit de toucher, c'était sacré, et quand elle mettait sa blouse blanche, des flaques de colle et de couleurs dessus, s'enfermant dans une pièce spéciale avec un double tréteau – une presse d'un côté, l'autre pour le séchage –, elle ne voulait pas que je sois dans ses pattes. Moi non plus : l'odeur de la colle me perturbait les narines. On s'associait pour répandre un peu partout du papier d'Arménie. Et puis je me suis révolté, si je ne pouvais pas ouvrir les fenêtres, je pouvais quand même ouvrir des livres. Elle est passée du « non » à une attitude compréhensive. Je me suis proposé de l'aider, elle a sacrifié l'un de ses peignoirs en toile que j'ai revêtu et, devenu coutumier de ses livres, j'ai découvert qu'elle avait sous sa table de reliure plusieurs panières de bouquins offerts par ses clients.

J'ai occulté plus tard toute cette partie de ma vie. J'étais persuadé de l'avoir oubliée. Nous vivons constamment entre le quotidien et la vie secrète de la pensée, le grand fleuve et les petits ruisseaux qui nous irriguent. Double combustion, l'oxygène du présent et l'azote des souvenirs. Je pensais les avoir gommés, mais c'est nettement que je me souviens de mes auteurs et de ces ouvrages que j'ai parcourus sans toujours les comprendre, qui faisaient joli sans que le sujet me touche ou m'intéresse, et d'autres, qui étaient des récompenses, avec lesquels je partais en escapade, dont rien que tourner les pages me donnait envie de connaître la suite.

J'étais parqué, privé du droit de sortir, et je comblais une sorte de soif en piochant au hasard les ouvrages qui se présentaient à moi, Paul Morand, Pierre Loti ou Jacques Chardonne, quelquefois à cause d'un titre, *L'amour c'est beaucoup plus que l'amour*. Je m'accrochais comme je le pouvais à une façon d'écrire, Pierre Louys était là et je m'endormais – mal – sur *La Femme et le pantin*. J'ai découvert avec plaisir Pierre Benoît et ses héroïnes en « A », « Antinéa » et son continent *L'Atlantide*, et *Alberte*, l'histoire d'un homme qui épouse une jeune fille et tombe amoureux de sa mère, jusqu'à assassiner la fille avec elle. Couché sur le tapis, j'ai absorbé *La Brière* d'Alphonse de Châteaubriant sans savoir qui il était. J'ai eu plus que de la satisfaction avec Anatole France et *L'Île aux pingouins* ou *Monsieur Bergeret à Paris* – en particulier le passage où ce personnage philosophique ne cesse de ruminer dans son sommeil la célèbre phrase : « Je pense, donc je suis », quand surgit un gorille allant se ravitailler à la glacière, qui en sort une cuisse de je ne sais quel animal devant un Bergeret pétrifié, et, en se moquant de lui, répète : « Je mange, donc je suis » ! J'ai eu un coup de cœur pour *Le Grand Meaulnes*. J'ai lu par à-coups un livre de chevet qui parlait d'une façon un peu mystique au garçon déphasé et tout neuf que j'étais, *Le Livre de San Michele*, d'un Danois ou Suédois : Axel Munthe. J'ai bien relu deux ou trois fois un roman d'anticipation de Rosny aîné, *La Mort de la Terre*, dans lequel sur notre planète devenue un désert uniforme erre un dernier groupe de survivants humains suivi des derniers oiseaux, toute vie végétale ou animale ayant disparu, laissant à la place à une civilisation électromagnétique. J'ai eu la révélation d'André Gide avec *Les Caves du Vatican* et celui qui m'a profondément marqué, *Voyage au Congo*. Je triais cette profusion à ma façon, avec la sensation curieuse que c'étaient plutôt les livres qui me choisissaient. Ils m'ont sauvé l'esprit.

Dans ces mois de boulimie, grâce à ma relieuse de livres et à son visiteur de Lausanne, j'ai vécu sur un îlot de lecture au milieu du saccage universel. J'ai ouvert grande une fenêtre qui s'appelait Romain Rolland, et une respiration vitale, inattendue s'est emparée de moi à partir d'une œuvre qui m'est devenue inséparable, un livre-voyage. Je l'ai commencée sans m'en apercevoir, je m'étais convaincu de lire au moins *L'Aube*, le premier tome de *Jean-Christophe*, je ne me voyais pas absorber les dix reliures successives, ne serait-ce que du regard : c'était un empilement monumental, qui en aurait eu le courage ? Même enfant, je lisais vite, j'étais plutôt sprinter que marathonien. Puis, je ne sais ce qui s'est passé, un charme, un déclic. J'ai vaguement tenté de savoir comment commençait le second volume, juste le devoir d'un lecteur loyal. La suite est venue sans que je prenne garde, qui a bu boira, le ton, les réflexions intérieures, la destinée. Tout s'est amplifié. Avec Jean-Christophe, j'ai franchi une étape : je marchais à ses côtés, j'adoptai son siècle, sa pensée, sa musique, sa détermination, ses deuils, j'étais dans un navire dont l'amiral était Romain Rolland. L'important est l'océan de la vie où celui qui descend à terre n'est plus le même que celui qui a embarqué. La vie, c'est ce qui nous transforme. Je sentais que cette œuvre avait quelque chose à me dire, qu'elle cassait mes limites pour quelque chose d'illimité. J'ai lu comme on respire, on rêve, les dix ouvrages les uns derrière les autres, avec deux préférences : *La Foire sur la place* et *Le Buisson ardent.*

La toute fin, avec la disparition d'Olivier et la mort un peu trop rapide de Jean-Christophe, m'a déchiré, comme si l'orchestre se taisait brutalement. Un vent de méditations germe en moi, me déstabilise et m'aide à me reconstruire. Je perçois qu'il existe un choix déterminant entre une vie subie et une vie voulue. Avoir tout le monde contre soi et tenir droit quand même. J'apprends que la solitude est comme un arbre et que parfois il faut se muer en tronc. Que le doute, c'est le début de la pensée, du progrès. J'essaie d'écrire des petites notes personnelles – que j'ai perdues. « Guerre à la guerre », c'est la devise que j'ai adoptée en le lisant. « Au-dessus de la mêlée », je suis d'accord pour celle de 14-18. « Au-dessus de la mêlée », je ne peux l'être pour celle-ci. J'ai une preuve : j'en suis la cible. Réflexe de Lilliput ? Non. L'idée d'une race pure supérieure et d'humanités inférieures à éliminer change tout. Le jeune garçon que j'étais prend son élan, il s'apprête à plonger dans Roger Martin du Gard. Je vais faire la connaissance des *Thibault.*

Les jours passent et le 19 novembre ma mère vient me rendre visite. Elle joue la cliente et son mal est mon absence. Elle n'en peut plus de ne pas me voir. Elle passe le samedi après-midi, le jour où l'infirmière reçoit chez elle. Je ne sais comment Madeleine a réagi en la voyant, mais elle ne l'a pas renvoyée, a ouvert la porte de ma petite chambre, et tout ce qu'elle a dit, c'est « vingt minutes », puis elle nous a laissés seuls. D'abord muette, ma mère pleure en regardant son fils, caché dans la même ville qu'elle. Nous demeurons dans les bras l'un de l'autre, hoquetant, je lui fais un peu la leçon pour le risque qu'elle vient de prendre. Elle m'évoque des faux papiers qui seraient des vrais et nous permettraient de sortir. Mlle Giraudier lui a confié que ce serait prêt d'ici un mois. Je peux enfin mettre un nom sur cette femme si peu causeuse, mais qui est, ô combien, notre sauveteuse secrète.

Les jours passent, ils cognent à la porte, filent par la fenêtre sans que je sorte. Quelques semaines se suivent, je ne suis guère attentif au déroulé des jours, c'est finalement une seule et même journée ininterrompue. Et c'est maintenant Madeleine Monnier qui baigne dans les larmes, elle vient de rentrer tout agitée, je suis en train de lire je ne sais quel bouquin, elle pose sa trousse d'infirmière, sa poitrine se soulève, elle va à la cuisine, ouvre grands les rideaux, me contemple, revient à sa table. Je suis dans son fauteuil préféré, les genoux repliés, je pense qu'elle veut peut-être s'y asseoir, je me lève. Son visage, illisible, passe par des tas d'expressions, la bouche ouverte elle semble sourire et contenir des sanglots. Déconcerté, je dois réagir, mais comment ? D'où vient son émotion ? Saisie d'un réflexe, sans cesser de pleurer, elle s'approche du buffet, en sort deux verres, m'appelle à la rescousse, puis sort une bouteille de vodka, reprend son souffle, remplit généreusement deux grands verres, boit un bon coup et, radieuse, la voix étranglée d'abord, puis revigorée, elle énonce la raison de son état : « Odessa ! Tu te rends compte ! On a repris Odessa ! » Sa voix devenue lyrique, habituellement grave, emplit la pièce jusqu'au plafond. Madeleine Monnier, née Outchevski, bras déployés, s'adresse à son passé, pleine de la petite fille qu'elle a été dans cette ville, et de cette victoire que, solidaire, elle revendique, en découpe les trois syllabes, « O-DE-SSA », comme si elle les chantait.

Un peu plus tard, à la fin du dîner, alors qu'elle est pompette, je m'évertue, par provocation mais aussi pour rendre justice à la vérité historique, à rétablir que c'est malgré tout l'Armée rouge, les fameux communistes, qui ont défait les Allemands et réussi à les chasser d'Odessa. Elle m'arrête tout net, pose ses deux mains sur la table et, à demi dressée, avec une puissante tranquillité, elle tourne son visage vers le mien, rectifie pour elle et aussi pour que ce soit clair pour moi : « Kommmounistes ? Rrrrrroussses d'abord ! »

Gabriel Marence

« Je m'appelle Marence. » Il est urgent que je grave ce nom dans mon esprit. Que je me l'impose, étant entendu que c'est de moi qu'il s'agit. Si quelqu'un le prononce, je dois réagir immédiatement, mon visage doit se faire attentif et se tourner vers la personne qui s'adresse à moi. C'est un réflexe à acquérir dès à présent : être spontané à tout prix. En demeurant sourd à ce *Marence*, je démentirais la nouvelle carte d'identité que m'a remise Mademoiselle. Je découvre que je suis natif de Périgueux, département de la Dordogne. Heureusement que mon prénom, Gabriel, est préservé. D'avance je me porte garant de l'automatisme de mes réactions. Ce document me protège. Changer d'origine et d'identité est la grande surprise entre ce Noël et le Jour de l'An.

Situation semblable pour ma mère, qui en quelques heures devient Mireille Marence. Sa nouvelle carte d'identité est tout à fait vraisemblable, une copie à l'identique d'un original, hormis sa photographie qu'on a substituée à celle de cette inconnue. Je fais la moue à cause du prénom, j'aime infiniment mieux

Myriam. C'est un prénom qui chante et qui est biblique, comme le mien. Il y a donc une Mireille Marence, née à Sarlat, veuve, quelque part dans le Périgord. Les réseaux de survie prennent de plus en plus de précautions, au moindre contrôle il y aurait obligatoirement confirmation administrative. La famille Marence a donc désormais l'apparence de la légalité française de souche. Comme falsification, il n'y a pas mieux, c'est une réussite !

J'aimerais être à l'aise avec cette nouvelle identité, elle ne m'est pas naturelle, pas évidente. Je me lève Gabriel Gersztenkorn, je me couche Gabriel Marence. L'usurpation aboutit à valider au grand jour qu'officiellement je demeure à mon adresse réelle, au 13, rue de Clérieux. C'est positif, je n'ai plus à me cacher derrière les plis d'un rideau, je dispose d'une pièce à conviction garantie par les tampons d'une préfecture. Mais à l'intérieur de celui que je suis réellement couve un malaise. Ne plus être soi est un vertige, même si c'est un masque. Les racines profondes de l'enfoui refusent ce soulagement dû à un stratagème. C'est ma gorge qui réagit, je retiens une boule de salive, prêt à cracher en clamant haut et fort : « Non ! Je ne m'appelle pas Marence ! » En moi dort une blessure sourde infligée à mon père, parqué quelque part dans un no man's land, privé de liberté. Voici qu'on ose mettre un voile sur son nom, pour celui d'un père de substitution nommé Guillaume Marence. Ce Guillaume, en toute logique, doit être mort, puisque sa femme est veuve. Je porte mal l'étrangeté d'une filiation à laquelle je dois désormais la possibilité de circuler, d'aller quêter à la mairie une carte d'alimentation. Il n'est au monde aucun Gabriel Marence, et pourtant c'est moi ! Conscient et double, j'ai désormais pour visage Gabriel et pour imposture Marence.

J'ai quitté Madeleine Monnier avec une rapidité déroutante, au point qu'on ne s'est pratiquement pas dit au revoir. Lorsqu'elle est sortie en m'annonçant qu'elle avait une urgence, rétrospectivement, sa façon de prononcer ce mot m'est restée dans l'oreille. Au retour, sans retirer son manteau, sans lâcher la longue cigarette qu'elle avait entre les lèvres, sans me prévenir, elle a pris ma valise qui était sous le lit et a sorti de la commode mes différents effets. Je lisais, mais lorsqu'elle les a déposés sur la table, j'ai sursauté. Elle m'a juste dit : « Ne t'inquiète pas, Mademoiselle vient te reprendre. Aide-moi. » Un instant statufié, traversé dans toutes mes fibres par l'idée qu'il était arrivé quelque chose de terrible à ma mère, j'ai balbutié, ou hurlé, je ne sais plus. J'attendais la nouvelle terrifiante. « C'est le contraire, Gabriel, tu vas revivre avec elle. »

D'un seul coup soulagé, j'ai respiré, et mon visage apaisé a souri. Sans me rendre compte de l'effet que cette satisfaction pouvait avoir sur Madeleine. A suivi entre nous un silence difficile, rien ne sortait de ma gorge bloquée, et elle de même, comme si le battement d'un chronomètre nous oppressait, la valise instaurant son rôle de transition. Mademoiselle est arrivée souriante, atténuant l'émotion de mon départ pour cette femme qui m'avait accueilli plusieurs mois durant. Constatant notre embarras, à son tour embarrassée, elle a plutôt accéléré le moment de franchir cette porte qui avait été une clôture avant d'être le signe d'une cohabitation partagée. Prenant la valise de toutes mes pérégrinations, du seuil je suis revenu vers Madeleine. Son geste au ralenti m'a freiné, comme si ce n'était pas aussi nécessaire, aussi triste que cela, et elle a pris mes deux mains, les serrant très fort dans ses poings, une moue de fatalité dans le regard, puis un mot russe que je n'ai pas compris.

Je ressemble à la nuit violine qui enveloppe Romans, contemplant à travers la vitre de l'automobile une métropole d'ombres inconnues et de cuir. J'imagine Madeleine Monnier derrière les hauts rideaux parme qu'il m'était interdit d'ouvrir. J'emporte avec moi la senteur embrasée du papier d'Arménie surmontant celle, insistante, de la colle et celles des concombres au vinaigre qu'elle adorait mordiller, sa façon inspirée de battre ses cartes à jouer russes. J'ai songé que la vie, c'était aussi cela, les morsures de la séparation. J'aurais tant voulu partir avec l'un des livres précieux auxquels elle redonnait vie, *L'Âme enchantée* de Romain Rolland.

Vingt minutes plus tard, la voiture de Mademoiselle stoppe en douceur devant l'appartement-refuge où je rejoins ma mère et Jeanne. Nous revoilà ensemble, c'en est presque étrange, nous en avions perdu l'habitude. Je dépose la valise comme si elle s'était alourdie de six mois d'éloignement. Pour l'instant, nous restons à nous redécouvrir tous les trois, les mains autour du poêle qui grésille. J'apprends que nous vivons dans l'une des rues typiques de la vieille ville, un premier étage avec deux fenêtres que l'on peut ouvrir sans problème.

Nos retrouvailles, ma chère mère a dû en rêver, les préparer. J'y songe en voyant notre petite famille simuler le rituel de ce réveillon de fin 1943. Au menu, un coquelet rôti, quelques figues, quelques abricots séchés, des éclairs au café – Maman sait que j'adore cette pâtisserie. Ma sœur nous égaie des comptes rendus de sa vie d'écolière. Nous interrogeons notre mère, nos questions l'assaillent : et elle, comment était-elle à notre âge ? Elle s'anime et nous répond qu'à quatorze ans elle attendait déjà la fin de la guerre. La précédente. Je tente de l'imaginer quand elle était enfant. À la fin du dîner elle me tend un petit paquet que j'ouvre, en extrayant un livre d'Émile Zola. Je lui lance un regard de plaisir qui ne trompe pas, ma sœur reçoit, ravie, une écharpe en mousseline. Nous n'avons pas de cadeaux à offrir à notre mère, nous l'avons prise entre nos bras.

Peu avant minuit, on frappe à la porte, c'est M. Sanglier, un locataire du troisième étage de l'immeuble. Il retire sa casquette, salue ma mère et sympathiquement nous convie à les rejoindre, lui, sa femme et son beau-frère. Nous nous préparons rapidement, ma sœur me chuchote que ce sont des voisins formidables. C'est vrai, ils sont d'une cordialité spontanée. L'homme aime plaisanter, il me félicite en clignant de l'œil d'avoir aussi bien fait coïncider ma venue avec le 31 décembre, puis il remplit les verres, sans tenir compte des protestations de ma mère. La parole est à la vieille horloge, jusqu'au dernier des douze coups de l'année. On s'embrasse, le maître des lieux arrête les effusions, lève son verre, on l'imite, il porte un toast : « À la dernière année de cette saloperie de guerre ! » Puis vient le second toast, cul sec : « À la déculottée de l'Allemagne ! » Je suis abasourdi d'entendre ces souhaits formulés avec une telle liberté, et que cela soit même concevable. Au troisième verre, les coudes entrecroisés à la russe : « Pour le retour de Gabriel ! » Je suis ému de voir ma mère avec son verre, joyeusement en pleurs, dans les bras de Mme Sanglier. La maîtresse de maison fait signe à son frère qui sort son harmonica et improvise à partir d'un air d'Édith Piaf : « Comme la fille de joie est belle/Au coin de la rue là-bas/Son accordéoniste/Il est parti soldat/Cet homme est un artiste... » Sanglier et sa femme fredonnent les paroles que nous tentons de reprendre, ils esquissent quelques pas de danse et nous terminons cette soirée qui prélude 1944 tous assis, songeurs et ravis. Le musicien finit avec le *Boléro* de Ravel. Ce morceau entre en nous, presque jusqu'aux larmes, lancinant comme une longue attente. C'est poignant, ça a été le plus beau réveillon de ma vie. Je n'ai pas pu dormir, j'étais heureux.

Les jours suivants, je voudrais découvrir cette ville que je ne connais pas. Ma mère, réticente, préfère que nous sortions tous les trois. Assis au café, nous regardons médusés cette foule d'inconnus, rassurés d'y être anonymes. Mais je suis buté, et à mes yeux, éprouver mon nouveau statut c'est me promener seul, découvrir à ma façon ce Romans dont je ne connais rien. Après quelques heurts, j'arrache l'autorisation maternelle. C'est un enjeu important, je me hasarde, j'ai surtout envie de me perdre, de contempler les façades, de lécher les vitrines des magasins, de découvrir la fameuse horloge de la tour Jacquemart. Le jeune Marence est là, à dévorer ces rues, à se sentir sans attaches, à respirer ce vent qui traverse la ville, à vibrer de la liberté de son propre corps, à s'immobiliser enfin quai Dauphin, devant l'Isère, ce fleuve alpin aux vagues indociles. Gabriel regarde là-haut, vers le ciel de Romans, remerciant les nuages de la magie de vivre. Ivre d'errance, il croise, fasciné, des créatures d'une planète qu'il ne soupçonnait plus, le dépassant en laissant derrière elles le sillage de leurs silhouettes féminines. Il est effaré comme s'il découvrait des extraterrestres et se demande comment appeler ces habitantes de l'autre sexe : *Romanaises*, *Romanesques*, *Romantiques*, *Romancières*, ou *Romanichelles* ?

Cette croisière solitaire réveille un appétit étrange, il chaloupe en grappillant encore des ruelles jusqu'à la place Carnot où un stand offre aux narines une odeur de gaufre. Il capitule, en achète une, d'une pâte au goût vaporeux saupoudrée de perles de sucre. C'est si délicieux qu'il tient la gaufre entre ses lèvres comme si c'était un harmonica, à la différence que ça se mange. À travers cet instant fugace, il savoure un moment d'affirmation brève, non prémédité, comme la preuve qu'on peut vivre autrement que claustré. Pour rien d'autre que le plaisir d'être.

Je me saoule un peu, beaucoup, passionnément de cette liberté à travers Romans, mon duffle-coat et une écharpe couleur miel me défendant contre le froid. Je monte, je redescends toutes ces rues en pente, des Cordeliers, des Chapeliers, les vieilles ruelles, je rôde du côté de la rue Mathieu-de-la-Drôme, admire les façades d'anciennes demeures, les places publiques, les parcs, les fontaines du côté de la Collégiale ou de la Visitation. Il m'arrive de ne pas rentrer à midi et ma mère se fâche. C'est que, pendant ce temps, je me bourre de pognes sur les berges de l'Isère. Je tricote les mots venus du fleuve, *Isère*, *hiver*, *misère*, *mystère*, *hystérie*... Un petit vent sec et je disserte avec mon double, c'est Gabriel qui se promène, mais lequel ? Je demande à Marence si c'est confortable d'habiter dans ma peau, il me dit que c'est lui qui me fait un cadeau, qu'il me protège. Que c'est lui, Gabriel, et que j'en bénéficie. C'est un désaccord profond, qu'il réfléchisse bien. Que possède un homme quand il n'a plus rien ? Un homme peut tout perdre, son toit, son argent, sa femme, son travail et sa santé, ce qui lui reste, c'est son nom. Que reste-t-il, d'ailleurs, sur une tombe ? Il répond, mort de rire, qu'il est la preuve du contraire, qu'existence et liberté lui sont dues. Je le laisse dire, je sais qu'il parle par ma bouche...

Mon problème, justement, est que je ne parle plus. Ou si peu, pour l'essentiel, et je marche sans fin. Je suis mutique, je ne parle guère à ma sœur, ni à mes tantes, à presque personne. Pour ma mère, je suis déférence et amour, mais je ne les lui exprime pas. Des amis, je n'en ai aucun. Mes promenades sont mon seul langage. Il n'y a qu'avec Sanglier que je desserre les dents. Il se tient des conciliabules pendant mes absences. La maison se méfie de moi, du risque que représentent mes escapades, ils ont peur pour moi, et par ricochet pour eux aussi. Ils ont raison, je leur promets de ne pas traverser le Pont-Vieux qui relie Romans à Bourg-de-Péage, la cité jumelle sur la rive opposée. L'autre jour, j'ai rôdé autour du Pont Neuf et senti le regard de deux miliciens. Je hume les tensions de cette ville, la présence militaire allemande aussi directe m'indispose, je n'en ai pas l'habitude. Mais au moins, c'est celle d'un ennemi logique, identifié : a contrario je suis révulsé par l'horreur d'une milice française en uniformes et bérets noirs, je lis la haine dans leurs yeux sournois. Marence ou pas, j'en ai honte, j'en ai du dégoût, j'en ai la frousse.

De jour en jour je me promène moins, je ne m'exprime plus que par monosyllabes et je supporte mal d'être passif. Heureusement, il y a M. Sanglier, toujours avec sa casquette, si chaleureux quand il me croise. J'ai su que c'est lui qui avait conseillé ma mère pour *Germinal*. Il me fait toujours fête et je finis par me retrouver chez lui à écouter Radio Londres, l'oreille collée sur le poste. Immensément, j'aime ces moments-là. Je ne suis plus seul au monde, des armées entières se battent pour moi. Apprendre la fin du siège de Leningrad après neuf cents jours d'encerclement et presque un million de victimes relativise mes problèmes.

Les conciliabules qui me concernent ont abouti à un résultat : on m'a trouvé un travail, je débuterai à la fin du mois dans une usine de chaussures. Mademoiselle, qui connaît un directeur chargé de recrutement, s'est occupée de l'affaire. J'accepte, en précisant que je ne suis pas certain d'être doué pour le travail manuel. Sortir et rentrer sans but ne me motive plus, je finis par être fatigué d'être désœuvré. Je me rends bien compte qu'il y a des problèmes de ressources, que l'assiette sur la table est maigre, que tout repose sur les épaules de ma mère, c'est la principale raison de mon assentiment. Rémi, le frère de Mme Sanglier, me prête une bicyclette, la question du déplacement est réglée.

Ma mère tient le coup et prend des travaux de couture pour faire rentrer un peu d'argent. C'est une activité qui lui va bien, qui la détend, et en cousant elle fredonne des airs qui traversent l'époque : « Je suis seule ce soir/Avec mes rêves/J'ai perdu l'espoir/De ton retour… » Émigrée parisienne bien plus que polonaise, elle retourne aux vocalises de Joséphine Baker et reprend son chant répétitif, génial à en pleurer : « Ma savane est belle/Mais à quoi bon le nier/Ce qui m'ensorcelle/C'est Paris/Paris tout entier… » Puis Mireille-Marence-du-Périgord se lâche tout bas avec une chanson juive humoristique dans laquelle danse un rabbin. Elle se souvient de toutes les paroles, elle en est ravie. Elle lit Simenon et je suis son recours lorsqu'elle bute sur un mot. Elle se met en tête de bien écrire français et souhaite évidemment que je l'aide. Maman parle très peu de mon père, c'est entre nous un silence tacite. Nous entretenons le feu sans le dire. Mes tantes Esther et Ida sont dispersées à Romans et nous ne les voyons guère, ma mère ne tient pas trop à ce qu'elles fassent des allers et retours qu'elle estime dangereux. Surtout, je crois que leur esprit statique l'agace prodigieusement.

Tous les dimanches après-midi, c'est le même objectif, l'événement hebdomadaire qui nous permet de respirer, le fil festif secret nous reliant à notre vie ancienne : nous nous rendons au Cinéma-Planète, dans le haut de la ville. Il y a de très bons films français, après les séances on en discute sans fin. Et puis, le cinéma est une fantastique machine à changer les idées, à les enrichir. Le dernier film, c'était *Les Inconnus dans la maison*, avec Raimu en avocat ivrogne qui n'arrive plus à plaider et est amené à défendre des adolescents accusés de délinquance. Entre l'alcool et le regard qu'il pose sur eux, il finit par se retrouver. Se recomposer. C'est un film d'Henri Decoin. Raimu, comme toujours, est ahurissant. Suffocant de voir comme il joue bien, impossible de décrocher de son personnage. Un jeune acteur me plaît, à la fois sauvage et émouvant, il s'appelle Mouloudji. Dimanche prochain nous retournerons au Cinéma-Planète. Au programme, *Goupi Mains Rouges*, de Jacques Becker.

Barnasson

Gabriel Marence commence une nouvelle vie. Le 31 janvier 1944, il est engagé comme apprenti à l'usine de chaussures Barnasson. Comme il est mineur, il a dû se présenter avec sa mère pour contresigner le contrat. La veille, ils ont répété avec minutie leurs nouvelles signatures. Le voilà seul et sagement assis dans une salle administrative, il attend qu'on s'occupe de lui. Un contremaître à blouse bleue apparaît et le conduit aux vestiaires, lui indique son armoire personnelle. Le nouveau venu retire son imperméable, il pleut ce jour-là, ôte sa veste et enfile le blouson gris des apprentis. Il est trop grand pour lui, mais il n'y en a pas de plus petit.

Voilà Marence nanti d'une clef, de son horaire de quarante-huit heures par semaine, de la fiche plate métallique pour pointer en arrivant le matin. Le contremaître lui demande son prénom, s'assure qu'il a bien apporté sa gamelle de midi, après une promenade dans des corridors grisâtres entrouvre une porte à deux battants et lui fait signe d'entrer en premier. Le jeune postulant reçoit de plein fouet la vision sur-éclairée d'un immense hall sous une verrière, qui lui apparaît grand comme une gare où grouillent et s'activent une centaine de personnes attelées à des machines. Cheminant à travers un magma d'établis où dominent l'odeur et la couleur du cuir, son guide mène le nouvel apprenti devant un homme affairé à marteler sur une esquisse de talon des clous qui jaillissent comme une mitraillette de sa bouche. Il s'arrête et, mains sur ses épaules, comme s'il était un objet, le contremaître le présente, ou plutôt le dépose et pivote avec ce commentaire laconique : « Blanchard, je t'amène un ange. » Me lâchant, il s'éloigne en nous laissant face à face.

Ce Blanchard, après quelques instants bien longs pendant lesquels il semble m'ignorer, pousse du pied un tabouret, se frotte l'œil droit du revers de la mains, plus tard je saurai que c'est un tic, me jauge de l'autre œil et me jette : « Ce matin, tu n'as qu'à me regarder travailler », me faisant signe de m'asseoir. Il ajuste sur un moulage de pied un talon sous une semelle renversée. Dans un bassinet il puise une poignée de clous qu'il enfourne entre ses lèvres et, la bouche close, les malaxe quelques secondes, semble les sucer et les fait réapparaître rangés à l'envers, comme sur une étagère. Il ne tarde pas à les expulser en les crachant, les arrache entre le pouce et l'index de sa main gauche, un martelet dans la droite pour clouer au fur à mesure, jumeler la semelle et le talon, le tout à une telle vitesse que j'en demeure pantois. Je suis devant un fakir, un fakir salarié à la moustache de Gaulois, une casquette avec deux rabats sur les oreilles et des bretelles en lanières de cuir. Ce sera l'image initiatique de ma formation.

Une seconde semelle, un second talon attendent d'être unis. Projetant un dernier clou dont il se débarrasse, frottant à nouveau son œil d'un revers de poing, Blanchard cligne de l'autre vers moi : « Alors, c'est vrai, ça, que tu es un ange ? » Intimidé par le regard qui me scrute, je réponds en hochant machinalement la tête de haut en bas, dans mon esprit pour approuver sa question, puis, effrayé de laisser croire que je peux voler de mes propres ailes, je rectifie d'un signe de tête de droite à gauche pour me démentir et exprimer le contraire. Je m'affole, il ne peut que me prendre pour un crétin ou un demeuré. À vrai dire, il ne se tromperait pas. Ce qui me sauve, c'est un double tintement sonore et puissant qui résonne sur l'ensemble du bâtiment.

C'est la pause de midi, toutes les machines ralentissent et stoppent. La plupart des ouvriers mangent sur place, il en est aussi qui se regroupent par affinités. C'est le moment des gamelles, j'ai la mienne et j'en suis bien aise, je sors le thermos de bouillon aux vermicelles que ma chère mère m'a préparé, mais j'ai oublié de prendre une serviette. L'homme m'en offre une tout en croquant une gousse d'ail avec du sel, je suppose que c'est pour nettoyer sa bouche. Il y a peu de paroles, beaucoup de mastication, de-ci de-là quelques libations, des allers-retours aux toilettes, une voiturette qui passe et ramasse les déchets. La double sonnerie reprend, le travail également.

Un apprentissage débute toujours avec sa part de mimétisme. J'ai de la chance, celui avec qui je vais faire équipe ne me bouscule pas. J'ai été affecté à l'unité talons, formée de trois établis. Tout a été conçu dans cette usine pour fonctionner en pièces détachées et aboutir à une pièce unique et double : la paire de chaussures. On a affublé notre unité d'un surnom moqueur : l'« unité des étalons ». Comme on me lorgne pour voir comment je réagis, je me fais sourd, ce qui ne m'est pas difficile : « jeune étalon », je ne sais pas trop ce que ça veut dire, et ma mère n'a pas su me renseigner. Je nage un peu entre les consignes, la propreté, les courses et les corvées. Les talons et les talonnettes doivent être d'une précision absolue, l'un de nos établis affine leurs formes avec des râpes et des meules calibrées, je fais la navette, les rapporte et les installe face à Blanchard, que j'appelle maintenant par son prénom : M. Martin. Il ne faut pas s'embrouiller entre les tailles 40 et 44. Notre part de travail achevée, je dépose toutes les paires à l'autre établi, chargé des languettes, du collage et des dernières retouches de la partie basse, avant qu'elles ne passent aux unités de couture du cuir.

Barnasson est un corps collectif, fait de cellules où les formes s'élaborent autour de pieds simulés sur des pitons, où les semelles se dessinent, où la sculpture du cuir s'offre à des pieds réels. Dans cette entreprise consacrée aux pieds, on travaille beaucoup avec les mains. Je joue un tout petit rôle dans cette partition. Comment oublier que toute l'aventure humaine s'est construite à partir de l'homme bipède ? Nos premiers ancêtres noirs et sédentaires se sont un jour mis en marche pour assurer sa circulation sur tous les méridiens du globe. La plante des pieds a dû inventer sa protection, à l'origine la chaussure est un acte de civilisation.

Je viens de trouver dans mon casier la fonction essentielle attribuée à Gabriel Marence : *Préposé aux clous*. Même si ce n'est guère prestigieux, cette responsabilité est loin d'être négligeable : tous ces clous, les fameux clous qui sont le ravitaillement de M. Martin, c'est à moi qu'il incombe d'en prendre soin. Ce qu'on appelle le magasin nous livre un tiroir de clous, il y en a bien pour cinq kilos. Je suis chargé du tri de cette armada de ferraille, c'est-à-dire primo foutre en l'air les clous qui sont tordus, deusio éliminer ceux sur lesquels on détecte une trace de rouille, tertio être implacable avec ceux qui ne sont pas assez pointus. C'est complètement hallucinant, ennuyeux et indispensable. Ce travail délicat doit être absurde vu de la planète Mars. Qui sait, après la guerre, on inventera peut-être une machine à filtrer les clous à ma place. Pour l'heure, j'ai comme instruments mes yeux et si nécessaire un aimant. Soit c'est méticuleux et lent, soit malheureusement c'est l'inverse, et je n'ai pas le rythme. Ce n'est pas fini, il me reste ensuite à les mettre dans un bassinet d'eau lubrifiée, à les en retirer afin qu'ils sèchent pour le lendemain. Quand je rentre, je louche.

Au début je me concentre. Mon esprit s'embrouille parfois, je suis dans l'instant. Le temps n'est plus uniforme et je m'y perds un peu. Dorénavant, les journées sont cadrées, c'est comme un rituel : réveil à six heures et demie, petit déjeuner préparé par maman, gamelle, et puis le vélo rafistolé par Sanglier, direction l'usine. Je pointe juste avant huit heures et dès que j'ai enfilé la blouse grise trop grande, je deviens ce Gabriel Marence, prolétaire de poche qui fait partie des apprentis contre cent francs par mois. Ni école, ni caserne, nous sommes soudés par tout à fait autre chose. L'entreprise Barnasson, c'est « Durée et Qualité », c'est à cela que je participe. Je suis une fourmi dans une ruche à chaussures, et avec mes yeux de quinze-seize ans je m'intègre à toute cette agitation travailleuse pour éviter de marcher pieds nus.

Finalement, mon véritable apprentissage est ailleurs, dans l'organisation de l'usine, son rôle, sa particularité dans la société. Tout individu doit être chaussé, même si ce n'est pas écrit dans la Constitution. Barnasson est un vivier de cellules humaines qui y pourvoient. Je contemple tous ces ouvriers qui m'entourent et pointent chaque matin, aucun n'est là par plaisir, mais par nécessité. Et pourtant ils finissent par se confondre avec leur ouvrage, à façonner avec le plus grand soin l'objet de leur travail, comme s'il leur appartenait, ils y mettent leur cœur, du talent quelquefois, même s'ils ne gagnent pas facilement leur vie. Je ne sais pas si ce sentiment est juste, c'est la première fois que je travaille, je crois que j'ai secrètement ma petite fierté d'en faire partie. Je suis devenu un petit Barnasson.

Toute l'agglomération de Romans-sur-Isère est tissée d'entreprises de chaussures, des Barnasson avec d'autres noms, des enseignes différentes. Romans est la capitale française des souliers, des bottines, des brodequins, des mocassins. C'est sa renommée, les ouvriers viennent de l'ensemble de la région. Je me fais aussi la remarque qu'il n'y a pas tellement de jeunes à l'usine. À quoi cela tient-il ? Les prisonniers de guerre sont nombreux, deux millions dans les stalags, et visiblement un nombre important de réfractaires parmi les jeunes de plus de dix-huit ans, refusant de travailler pour l'Allemagne, disparaissent de la circulation.

Romans a beaucoup vibré, elle a été le théâtre de l'une des initiatives les plus hardies de cette période : un acte de résistance publique à la gare de la ville. Des femmes, majoritairement, ont sciemment empêché un train venant de Grenoble de repartir avec trois cents jeunes pour le S.T.O. Preuve du caractère audacieux de cette ville, qui restera dans les annales. Mme Sanglier y a participé. Pendant que les cheminots et les femmes s'attardaient sur les rails, le train est resté bloqué. Le temps que la garnison allemande intervienne, la plupart des jeunes gens réquisitionnés s'étaient enfuis. Il n'en restait plus qu'une trentaine. Ce mouvement a pris de l'ampleur.

Le maquis le plus grand de France est à une vingtaine de kilomètres. Le maquis : à l'usine, c'est bouche cousue. Derrière ces silences je m'interroge sur ce que chacun pense. Des silhouettes disparaissent du jour au lendemain et chacun a sa petite idée. S'il y a de la défiance dans l'air, on perçoit en même temps une sorte d'allégresse secrète derrière certains établis. Il m'est arrivé de vouloir crier : « Y a-t-il quelqu'un qui soit dans le cas de Gabriel Marence ? » Une intuition me traverse, peut-être cette brune qui débite des mètres et des mètres de lacets et les calibre… Qui sait ? On est condamnés au mutisme, se taire est une arme. Hormis les victoires du club de rugby ou les questions de climat, le monde extérieur n'est jamais évoqué, c'est une règle, et personne ne se dévoile pour ses opinions. Dans ce silence, une fois, une fois seulement, j'ai entendu le nom du général de Gaulle, à l'heure de la pause, lorsqu'un type de mauvaise foi, un peu obèse malgré le rationnement, a élevé la voix : « Pétain et de Gaulle, ils sont de mèche ! » Son voisin, excédé, les dents serrées, lui a rappelé que de Gaulle a été condamné à mort dès 1940 par le Maréchal. L'affaire tourne au vinaigre, l'arrivée du contremaître ramène le silence.

Je suppose que les Sanglier ont compris quel genre de réfugiés nous étions, mais ils restent pudiques. Sanglier laisse les femmes entre elles et m'emmène pêcher au-delà de Bourg-de-Péage. Un poisson s'est accroché à mon hameçon, c'est le premier et le dernier de ma vie. Grâce à Sanglier, j'ai quelques adresses de fermiers chez qui je pourrai trouver éventuellement des œufs, une poule, des légumes. Il fait très froid, je m'enveloppe le torse de papier journal. Peu de succès ce samedi. J'ai chuté dans des orties et suis revenu avec la roue voilée. J'ai pour bilan des « Attention chien méchant », un genou douloureux, des pommes de terre frigorifiées, du lait de vache et de quoi faire deux omelettes quand même. J'ai emprunté aux Sanglier *Trois Hommes dans un bateau* de Jerome K. Jerome, ça m'aide à passer le dimanche.

Deux fois, je suis arrivé en retard. Je n'arrive plus à donner de consistance au temps qui passe et j'ai de plus en plus de mal avec les clous qui prolifèrent et se coalisent contre moi. Ils s'échappent de mes doigts gourds et je les ramasse dans la poussière douteuse du sol. Plus ennuyeux, Martin a eu un sursaut inhabituel, un clou lui a râpé la langue, il l'a extrait d'entre ses dents, l'examine à la lumière de l'établi. Le clou malsain entre le pouce et l'index, il fixe son attention sur moi. Certes, le clou est suspect, mais celui qui est suspecté, c'est l'apprenti. Je ne suis pas glorieux, pourtant Martin ne me dira rien, c'est son caractère.

Chaque clou a sa petite existence métallique, mais à vrai dire je n'ai plus la foi. Je fais une overdose de clous, la phobie me guette. Les clous entrent dans mes cauchemars, se glissent dans mon œsophage, je crois en voir dans le bouillon de légumes et dans le gant de toilette quand je me débarbouille, je me peigne et j'en ai dans la chevelure. Je n'ai jamais eu la tête aussi vide, et si ce n'est pas Gabriel Marence, c'est moi qui dérive. Semez un clou, il en sort un trou. Combien de milliards de clous sur terre ? Je ne sais qui se révolte, des clous ou de moi, je les prends à contresens en les serrant à outrance, me blesse et me laboure l'intérieur de la paume droite. On m'emmène à l'infirmerie au premier étage, là où il y a la direction, les stylistes et le service commercial, je redescends la main bandée. Pendant quatre jours, on se passera de moi. En rentrant, une pensée me vient, ce serait l'occasion de revoir Madeleine Monnier.

Retour un lundi matin de grand froid, de grandes affiches rougeâtres sont placardées sur les murs de la ville. Portraits mal rasés de vingt-deux otages étrangers fusillés, en tête celui d'un Arménien, Manouchian. Sur l'établi une lettre du contremaître, c'est une convocation, je ne suis pas rassuré. Les portes au premier étage ouvrent sur des énigmes. Un homme en cravate et qui fume avec lenteur me reçoit dans son bureau, ouvre un dossier sur lequel « Gabriel Marence » est écrit en grand et le feuillette. Je m'attends à être renvoyé, réprimandé certainement, découvert. Pas du tout. Il allonge vers moi une feuille blanche et me demande d'écrire. Je lui demande :

— Quoi ?

Il me répond :

— Ce que vous voulez.

— Combien de lignes ?

— Pas plus que six ou sept.

Il me tend une plume. Est-ce un jeu ? Un piège ? Je sens que je dois être à la hauteur. J'écris sans vouloir donner l'impression que j'hésite, une seule ligne : *Ce que j'aime à Romans, c'est que c'est au pluriel.* Il reprend le papier, le lit et prend vraiment le temps de me regarder. C'est ainsi que je suis devenu triporteur.

Du jour au lendemain, mes journées ne se ressemblent plus, le matin pour quelques jours encore avec Martin Blanchard, l'après-midi sur mon tricycle. Mon travail : le parcours Barnasson-Poste. Je suis aux envois individuels, autrement dit les clients privilégiés : modèles, échantillons, je décharge à la poste tous les paquets que je transporte, je remplis les accusés de réception des recommandés et les rapporte au service commercial. Je crois que j'ai été choisi pour la qualité de mon écriture, elle a toujours été très lisible. Maigre comme un clou, je trimbale mes quarante-sept kilos de l'usine à la gare. Au retour, la cargaison libre, je caracole. Il y a tellement de pentes que je me prends pour le grimpeur cycliste René Vietto.

Sur mon parcours en fin de semaine, il y a toujours le cinéma Ciné-Planète, et tout près le Ciné-Lumière. Je songe au bonheur que j'aurais si j'étais à l'intérieur, je freine pour musarder devant l'affiche du film *Les Visiteurs du soir*. Metteur en scène : Marcel Carné – je regarde toujours le nom des metteurs en scène. Je ne réfléchis pas, je prends mon billet et me glisse dans l'obscurité, le film est commencé depuis dix minutes, c'est très stylisé, un peu statique, avec des costumes du Moyen Âge. En sortant, ce que j'en retiens, c'est le cœur qui continue à battre dans l'homme transformé en statue. Je suppose que ça doit être le message, il n'est plus vivant et il refuse la mort. Ceux qui jouent s'appellent Alain Cuny, c'est un monument vivant, et Arletty, habillée en page, la tentatrice. S'il y a un film dont je me souviendrai sous l'Occupation, c'est bien celui-là. Je me hâte, je vais juste avoir le temps de ramener le tricycle dans la cour arrière de l'usine.

Très mauvaise surprise. Mon tricycle n'est plus là. J'ai beau chercher, tourner en rond aux alentours, il a disparu. Le désarroi me gagne, mes recherches ne servent à rien, une âme non charitable a profité de mon absence, je m'en veux. Anxieux, je reviens en vain sur les lieux le lendemain. Je dois me résoudre à l'évidence, il a été subtilisé. Je suis catastrophé, je me traite de tous les noms. Quels visiteurs ont pu s'emparer de mon instrument de travail ? Je suis livide et crains une plainte, une enquête, que la police s'en mêle, un contrôle rue de Clérieux, le remboursement, mon arrestation, tous les scénarios paniques s'engouffrent à la fois.

Malgré tout, je pointe le lundi, prêt au pire. Je me présente d'abord à Martin Blanchard. Il me voit, son pouce à la verticale m'indique qu'il faut que je monte voir les autorités. Je me sens observé. Premier étage, toujours les mêmes portes, toujours le même homme, la même cravate, mais le veston en plus. Je me rends compte qu'il est plus jeune que je le pensais. Il me contemple, pareil que l'autre fois, ouvre lentement le dossier à mon nom fictif, il relit un feuillet et, ses deux poings sous le menton, me demande d'une voix neutre si je devine pourquoi je suis là. Un « oui » me vient aux lèvres. Il se tait, puis « veut les circonstances » et me donne la parole. Je lui dis finalement la vérité, que j'ai laissé le triporteur devant le cinéma, et que pendant le film on me l'a volé.

Il me contredit : non, je me trompe, le triporteur n'a pas été volé. Troublé par cette affirmation, je ne suis plus qu'un point d'interrogation. M. Désiré, le neveu du directeur, qui règne sur le secteur Luxe, demeure dans les parages de l'avenue du Président-Félix-Faure. Il a remarqué le tricycle Barnasson contre le trottoir, ce qui l'a surpris et, repassant une heure plus tard, comme il était au même endroit, ne comprenant pas ce qu'il faisait là, devant le cinéma, l'a finalement ramené au garage de l'usine. Abasourdi, je m'assieds sur le siège, ma panique se dissout d'un seul coup, quoi qu'il se passe, je suis soulagé. J'apprends en même temps que mon poste de triporteur, c'est terminé. C'est logique, non ? J'approuve de la tête. À la fin du mois, je ne ferai plus partie du personnel. M. Blanchard accepte de me reprendre jusque-là. L'entretien est terminé. Il se lève, je l'imite, je m'apprête à quitter son bureau, il m'arrête du doigt, allume une cigarette :

— Et *Les Visiteurs du soir*, ça vous a plu ?

Réponse :

— Beaucoup, c'est médiéval !

Il m'observe et ajoute d'un ton neutre :

— C'est toujours ça…

Cette fois, c'est moi qui prends le temps de le regarder. Et je sors.

Esquisse de printemps, me voilà revenu au point de départ. Je m'applique, je ne veux pas peiner Martin. Sous les yeux de presque tous, je suis désormais un cas particulier, un cas social, un rigolo, quelqu'un à qui il manque une case ou qui en a une de trop. Il n'y a pas d'animosité, il est clair simplement que je ne suis pas dans « le moule ». J'ai beau faire tout ce que je peux pour parvenir à ce qu'on attend de moi ici, devenir un bon outil, je ne suis pas doué pour cela, je suis un maladroit, je le serai toujours. Martin ne me blâme pas, ne me juge pas, son visage est toujours le même, il n'émet jamais aucun commentaire sur autrui, le climat ou les événements. Il parle peu, moi pas tellement, les clous ça n'aide vraiment pas, on est huilés ensemble et on se convient. Les seuls moments où l'homme-machine est à l'arrêt, c'est quand il a des douleurs articulaires aux doigts, il les agite comme des petites marionnettes, leur redonne circulation et vie, et il me regarde fixement. C'est un drôle de non-langage. Je me demande même s'il sait que la guerre est déclarée, mais je m'en veux de cette pensée au fond cruelle, surtout quand j'apprends avant mon départ, ou plutôt ma fuite, qu'il a perdu il y a quatre ans son fils unique à la bataille de Dunkerque, la seule ville où l'armée française n'a pas été vaincue. Peut-être qu'en mâchant ses clous il se punit de vivre.

Il y a toujours des journées qui ne ressemblent à aucune autre. Au début je n'entends rien, hormis les bruits coutumiers de la ruche. D'habitude, certains donnent de la voix, dans le genre *Rigoletto*, « Comme la plume au vent/Femme est fragile… », ou *Ma pomme* de Maurice Chevalier, comme des esquisses pour mieux travailler. Aussi, quand quelqu'un siffle sans bien s'en rendre compte, c'est banal. C'est peut-être ce qui vient de se passer dans je ne sais quel établi, quelqu'un qui repasse une peau et sifflote, un autre qui reprend automatiquement le même air. Cette fois-ci ils sont déjà un certain nombre à le siffler, moi-même je me demande où j'ai entendu ce chant, on absorbe vite un refrain sans y réfléchir et mon sifflement s'ajoute à d'autres encore sous la verrière ; le sifflement devient choral, et tout d'un coup, saisi, je reconnais cet air, c'est *L'Internationale* !

C'est extravagant, invraisemblable, je me souviens des poings levés, du « fascisme ne passera pas », ça se réveille dans ma tête, et je ne dois pas être le seul. Ils sifflent mais gardent les paroles pour eux-mêmes. En peu de temps, c'est un défoulement, une rage, une joie, une passerelle aussi contre le désespoir. Je suis stupéfait, bouleversé que ce soit possible. C'est un chant général contre l'Interdit. Je crois que plus personne ne travaille, ou alors au ralenti. Martin, lui, continue. Malgré les rabats de sa casquette sur ses oreilles, il perçoit que l'ambiance est inhabituelle. Il s'arrête. Soudain il s'esclaffe et ses traits se modifient, comme s'il en oubliait ses rides. Je décèle, à bien lire sur son visage, que ce ne sont pas vraiment ses idées. Je me trompe peut-être. Mais, comme s'il en avait un besoin vital, gardant ses clous à la main, retirant sa casquette, il se met à siffler à l'unisson avec tous les autres. Sous la grande verrière nous sommes dans le ventre d'un navire, les forçats de la terre dans la soute, le chant a gonflé comme une baleine ou un dirigeable. Les sirènes qui normalement marquent les repas et fins de journée mugissent avec une ampleur excessive qui ne faiblit pas. Tacite ou non, l'essentiel a été ce défoulement inattendu et cette riposte à tous les carcans exhalée par nos poitrines. Les tintements exacerbés s'achèvent dans un decrescendo. Chacun a déjà repris sa part de travail, silencieux, comme si rien ne s'était passé.

De retour chez moi, bavard pour une fois, je raconte à ma mère toute la jubilation, l'exploit que ça a été, je n'ai pas les mots pour le dire, sinon mon excitation. Je vois l'inquiétude grandir dans son regard. Sa seule réponse est de m'interdire de retourner travailler le lendemain. J'ai beau me récrier, je suis face à un refus catégorique. C'est viscéral, elle craint les répercussions, elle a vu Mademoiselle l'après-midi, Romans se militarise de plus en plus, quelque chose de violent se prépare contre le Vercors, une braise brûlante se répand dans la ville et notre voisin, M. Sanglier, a disparu provisoirement. Ma mère réagit instinctivement. Dans deux jours, me dit-elle, j'aurai quitté Romans-sur-Isère.

Saint-Michel-sur-Savasse

Exceptionnellement, je dors au « pigeonnier ». C'est ainsi que les Sanglier désignent leur appartement sous les toits. Pour parvenir à leur nid, les marches se rétrécissent. J'y passe la nuit, ainsi en ont décidé Mademoiselle et ma mère. J'ai cru comprendre par la première qu'il y avait eu des remous côté Barnasson et une épidémie d'absentéisme au lendemain du délire collectif où nous avons tous sifflé le chant interdit. Tout Romans est au courant. Une enquête est en cours, le fait qu'il y ait un dossier au nom de Gabriel Marence en instance de renvoi risque d'avoir des conséquences dangereuses, de dévoiler mon identité. J'ai beau argumenter : je suis au tout dernier rang de la hiérarchie de l'usine, pourquoi viendrait-on me saisir, moi ? Imaginer le pire est un réflexe maternel. La Gestapo est la Gestapo, la milice aussi, rien qu'à prononcer ces horribles mots, c'est l'angoisse.

Deux précautions valant mieux qu'une, ma mère et ma sœur sont provisoirement hébergées chez Mademoiselle. Et me voici privé de mon lit habituel, sachant que la nuit suivante je serai loin de Romans-sur-Isère. Je supporte mal ce nouveau déménagement improvisé. Que ce transfert soit bref ou non, j'ai dû préparer mon paquetage, y entasser le minimum. Dans le salon de Mme Sanglier, une vraie bonbonnière, je suis happé par un vaste miroir aux enjolivures dorées, imité par une silhouette qui s'arrête en même temps que moi, un jeune proscrit hirsute de mon âge, le visage déjà usé, un spectre en pénitence, aux traits semblables aux miens. Il s'assoit en face sur une valise identique, j'en ai fait autant. Difficile d'échapper à ce miroir dans lequel je me sens comme un colis parmi les objets. Je lui tire la langue, il me montre la sienne. Nous nous jaugeons une fois de plus, la même image, avant de nous détourner. Un juif sans valise n'est pas un vrai juif.

Quitter Romans-sur-Isère me navre. Je sais que la ville, juste au pied du Vercors, est dans l'œil du cyclone, qu'elle est devenue une base stratégique allemande renforcée par des miliciens français qui servent de chiens policiers. Mais j'aime à penser que dans une autre vie j'aurais pu y naître. J'aimerais dormir, mais le sommeil n'est pas de cet avis, je me fais peur tout seul, je vérifie si je n'ai pas égaré les papiers de Gabriel Marence. Où va-t-il atterrir demain, celui-là ? Et moi avec ! J'allume et j'éteins plusieurs fois sans trouver la bonne place dans ce lit que je ne connais pas. Mme Sanglier a dû s'en rendre compte et frappe à la porte pour savoir si j'ai un problème. Surpris, je ne reconnais pas sa silhouette.

Triste et discrète, Stéphanie Sanglier n'a pas non plus l'air très en forme. Elle me propose une tisane et revient avec deux tasses de camomille au miel. Jusqu'ici, je l'avais toujours vue avec des barrettes-peignes serrant sa chevelure, qui, ce soir-là, encadre son visage pour finir presque aux épaules. Elle est en longue chemise de nuit et sur les épaules porte une veste qu'elle n'a pas enfilée. Hésitante, elle pose les tasses sur le tabouret et s'assied au bord du lit pour les remplir. Elle me demande si je suis inquiet et me rassure, me disant que je serai bien plus au calme hors de Romans, et que ce n'est qu'une période transitoire.

Nous buvons à petites lampées. Dans cette tenue je la trouve plus jeune. Je lui demande s'il est vrai que c'est elle qui va m'accompagner jusqu'à la ferme où je dois être déposé. Elle me le confirme en ajoutant avec un petit sourire qu'à cette occasion je serai son neveu, ce à quoi je réplique avec une certaine vigueur qui m'étonne et fait vaciller sa tisane : « Pourquoi faut-il toujours être un autre et pas soi-même ? » Elle s'immobilise, puis soudain pose sa tasse, m'enlève la mienne, m'attrape les mains et formule sa réponse, les yeux plongés dans les miens : « Gabriel, pour que tu restes justement le même ! » Elle y met une énergie qui me traverse, son visage est proche et je trouve superbe ce qu'elle vient de me dire, en plus elle est assez belle, surtout son regard vert pâle que je ne quitte pas. Un silence, elle se redresse, rajuste sa veste qui a glissé, se rassoit un peu moins près, les yeux humides.

Je suis déconcerté, elle affirme que ce n'est rien, puis, le regard fixe, concède sa propre inquiétude, son appréhension. Je comprends qu'il s'agit de son mari, qu'on ne voit guère depuis plus d'un mois. Je lui chuchote : « Il est *là-haut* ? » et elle n'a pas besoin de dire oui pour me le confirmer. « Être là-haut » est la phrase clef de la population pour évoquer le Vercors. Nous avons conversé un bout de temps, ça faisait longtemps que je n'avais pas eu de vraie conversation. Je lui ai parlé de Paris, quittée il y a deux ans, de la beauté sereine du lac d'Aiguebelette, elle a évoqué Grenoble, d'où elle est native, ses études d'architecture, ses compétitions de ski, comment elle a rencontré, grâce à son frère, son futur mari en dansant avec lui, puis l'a suivi à Romans. Il est déjà très tard, c'est-à-dire très tôt. J'aurais aimé qu'elle reste près de moi, rien que pour la chaleur humaine, la finesse de ses doigts et ses yeux vert pâle. Je n'ai pas osé le lui demander, je crois que j'aurais préféré me couper la langue.

Au petit déjeuner, inspectant ce que j'emmène, elle y ajoute un imper pour les jours de pluie ; la valise prête, je m'attarde devant une carte géographique de l'est de l'Europe, piquée d'épingles et placée à l'intérieur du placard. Sans l'avoir prémédité, je demande à ma tante provisoire si je peux l'emprunter, elle me l'accorde, en retire les épingles qu'elle me confie et l'enroule précautionneusement au fond de la valise. À la gare routière, au départ du car départemental, un contrôle de papiers nous attend. Aucun problème pour Stéphanie Sanglier et son neveu Gabriel Marence, elle extrait tranquillement de son sac ma lettre d'engagement comme gardien de chèvres, rédigée par M. Léonce Cousin, cultivateur à Saint-Michel-sur-Savasse.

Nouveau refuge, nouveau travail. Adieu les clous, bonjour les chèvres. Stéphanie vient de m'embrasser sur le front et de reprendre le car pour Romans. Son départ me laisse un vide immense, c'est comme si je n'avais plus de bouée. Transplanté dans un autre monde, le ventre noué, j'attends la suite. Sous le regard des deux inconnus assis à table, je me tiens droit, envahi de solitude et consterné, pour ne pas dire humilié, quand je comprends que je n'aurai pas de chambre. Je dormirai au grenier. Pour y accéder, je dois grimper à une échelle de bois. Pour m'allonger, j'ai une paillasse sur une planche de bois, et pour clarté celle d'une lampe baveuse et sans joie. Pour mes besoins, un seau en émail bleu décoloré. Mes nuits auront une odeur de paille pourrie. Le patron, qui est monté avec moi, lit dans mon regard le désappointement et pose ma valise près de la paillasse.

En redescendant, je provoque déjà un premier incident : je ne savais pas où mettre le plan du placard de Sanglier. Je n'ai pas été très malin quand j'ai répondu honnêtement que c'était la carte de Russie. L'homme en est resté stupéfait et sa femme, éberluée, regard vinaigre, a mis le holà : « Il n'est pas question d'une carte russe à la maison ! » Il a regardé son épouse sans grande amitié en grommelant : « J'ai faim, on verra après. » Ensuite, le dîner tristounet à trois autour de la table. Pas un mot, rien que le tintement des assiettes sous l'œil attentif d'un chien au poil blanc et soyeux qui me lorgne. J'ai refusé le vin rouge de bienvenue, et sur le lit de bois où manque un traversin, j'ai somnolé comme si j'étais dans un train qui déraille. Je dormirais encore si on ne m'avait pas réveillé.

Au petit matin, peu à l'aise dans mes sabots, un mal de tête qui ne me quitte pas, je jette un œil à la basse-cour, quelques dindons imbéciles, deux coqs glorieux et trois douzaines de poules caquetantes et avides. Dans la cour, une sorte de guérite héberge un âne à la retraite qui semble mélancolique. Pas autant que moi, qui attends avec inquiétude de faire connaissance avec le troupeau qui m'est attribué. C'est absurde, j'ai le trac. Parrainé par Mme Cousin, j'entre dans l'étable et découvre quinze chèvres totalement indifférentes à ma présence. « Il faut qu'elles s'habituent », me dit-elle en empoignant vigoureusement une fourche qu'elle me remet dans les mains. Je dois leur tendre du fourrage, elles ne regardent que la fourche. Je pourrais être pygmée ou ballerine, ça reviendrait au même.

Vais-je réussir à m'acclimater ? Aussitôt dit, aussitôt fait, les chèvres sont extraites de l'étable. Surtout pas de temps à perdre, une première sortie-test de quelques heures m'est offerte avec le troupeau des animaux à cornes, qui sans s'occuper de ma personne sortent de la ferme et prennent un chemin caillouteux. Au départ, le chef de caravane, le patron, m'accompagne. Il faudrait, me dit-il, que j'aie une badine, je crois surtout qu'il serait bon d'avoir de bonnes galoches au pied. Bon, au début ça va bien, tout en marchant, il me signale des sentiers possibles, me demande de m'en souvenir, parvenus à un carrefour où commence une partie boisée surgissent trois pistes essentielles qu'il me conseille d'alterner. Ensuite, M. Cousin me montre avec de grands gestes les hauteurs et les points d'eau, me prêtant son bâton, m'explique comment s'enfoncer dans les fourrés, précisant que c'est toujours un peu traître, et surtout insiste pour que j'apprenne à me repérer à partir de certains arbres. Il ajoute que les arbres sont aussi des troupeaux, mais des troupeaux immobiles. Ce qui m'impressionne.

Les chèvres, qui connaissent bien leur itinéraire, marchent devant, et le patron conclut, serait-ce de l'humour : « Je te laisse avec elles, tu es le chef, tu n'as qu'à les suivre. » Il me rappelle toutefois qu'elles doivent être ramenées vers six heures, avant le dîner. Je n'ai pas de montre, il a tout prévu et sort un gousset de sa veste, un modèle en vieux métal qu'il m'attache en bracelet autour du poignet. Le chien, attentif, assiste à cette passation. Léonce Cousin rebrousse chemin vers la ferme en refusant qu'il le suive, le ramène vers moi, me dit de le tenir par le collier et me lance en s'éloignant : « S'il y a quelqu'un à qui tu peux faire confiance ici, c'est lui. » Trois chèvres ont déjà pris la poudre d'escampette. Je sens le chien perplexe, déstabilisé, guettant mes réflexes. Aurait-il saisi que je n'ai aucun diplôme rural ?

Cinq chèvres broutent sur les bas-côtés du sentier. Je voudrais avancer encore, je m'approche d'elles, le chien ne bouge pas, les chèvres non plus. Puis deux autres – dont une, bizarrement, n'a qu'une corne – ayant décidé de monter un plus loin pour y humer ce qui s'y passe, je décide de me conformer à leur instinct et les rejoins. C'est plus touffu et le groupe, cahin-caha, s'ébroue à un rythme décousu qui dépend des arrêts de chacune. C'est sans doute la règle. Un peu plus haut se profile un bois d'acacias, du coup les voici qui toutes ensemble accélèrent le pas, tentent d'en attraper les feuilles, y parviennent plus ou moins bien. J'abaisse les branchages, elles s'agitent comme des gloutonnes pour en profiter et, se bousculant, se retrouvent agglutinées autour de moi. Je ne sais pas si c'est un examen de passage, mais le chien, devant ce tableau qui doit lui être familier, décide d'observer en simple témoin cet appétit capricorne.

Une heure de marche syncopée avant de trouver un tapis de mousse où le chien blanc s'assoit, d'où je déduis qu'il doit en avoir l'habitude et m'assois près de lui. Le troupeau s'est dispersé dans les bosquets, ce qui me préoccupe. J'ouvre un bidon et j'en fais couler l'eau dans ma bouche. Le chien se redresse, je ne sais comment partager avec lui, j'imbibe le creux de ma paume qu'il balaie de sa langue, il remue la queue en signe de satisfaction. Il s'appelle Loup, ou Lou. J'ai quelques tranches de saucisson que je répartis entre nous. C'est le début de la complicité. Les chèvres sont toutes disséminées, il n'y en a qu'une qui s'attarde, la plus âgée de toutes, ce doit être la grand-mère, une aïeule experte sans doute déléguée pour m'épier. Je m'approche d'elle sur les genoux, mais elle garde ses distances et disparaît.

Au centre de cette vaste clairière, je suis très loin de Barnasson. Le vent, le ciel, les arbres sont la matière première qui m'entoure. Je puise en elle ma respiration. Seul, je me rends compte de l'incongruité de ma situation, c'est curieux de garder des chèvres que l'on ne voit pas ! Appuyé sur mon bâton, je n'ai pas envie de bouger. Le temps qui passe est aussi un matériau originel. Je sors de ma méditation. La silhouette gracile d'une chevrette toute blanche qui gambade et s'approche un moment pour voir à quoi je ressemble s'en repart guillerette vers les taillis environnants. Je suis soudain pris d'une crainte irrationnelle, que ces herbivores préméditent entre elles de revenir sans moi vers la bergerie et qu'elles me désavouent. Où, peut-être pire encore, que je m'en retourne seul à la ferme, pitoyable dès le premier jour de mon travail, les chèvres ayant décidé de dormir dans la forêt. Le soleil commence à décroître.

J'angoisse sous mon béret, il n'y a que ce chien au poil soyeux pour m'aider. Je me relève, regarde ma montre, lui mets l'heure sous le museau, fais quelques pas et l'appelle d'un cri, la badine en l'air, sans aucun écho. Il s'est pourtant dressé sur ses quatre pattes. Je lui crie : « Allez ! » Je répète, il me regarde, la gueule approbatrice, mais il n'y a que sa queue qui remue. Je l'admoneste : « Lou ! » De son museau aux yeux expressifs sous les poils il semble vraiment d'accord. Je ne sais quoi faire de plus et je hurle : « Ya ! », à l'allemande, en indiquant les alentours de l'espèce de canne que j'ai en main. D'un coup il s'envole et je vois son pelage blanc disparaître dans les futaies. Je reste seul avec la vieille chèvre et la jeunette. En moins de dix minutes je vois arriver six chèvres, le chien jappant derrière elles. Il en débusque trois autres, leur mordillant les jarrets, repart, j'entends ses aboiements, il semble les compter, va en chercher une manquante, revient en la coursant, elle fait front puis rejoint le troupeau. Finalement, elles sont toutes là. Je suis plein d'admiration et caresse follement ce chien généreux. C'est ainsi qu'est né entre nous ce rituel du nouveau baptême, à chaque fois énoncé en trois syllabes : « Alle-lu-ia ! »

Rhapsodie pour chèvres défuntes. Il y a peu à dire, sauf que cette compagnie d'animaux végétariens a constitué l'essentiel de ces mois passés à Saint-Michel-sur-Savasse. Mon existence se déroulait avec elles, qui étaient pratiquement mon seul lien quotidien avec des êtres vivants. J'ai largué le pays des hommes pour celui des chèvres. Qu'elles reprennent vie sous ma plume, ressuscitées de ce temps où l'on s'écharpait d'un bout à l'autre de la planète, n'ôte rien à leur réalité. Même si c'était insensé, j'avais à cœur d'établir avec chacune une relation constante et tangible. Nées pour leur lait, leur viande et leur cuir, ces créatures cornues étaient fantasques, égotiques, capricieuses, malignes, ingérables, erratiques, délurées, obstinées, dispersées, anarchistes, mâcheuses d'herbe n'en faisant qu'à leur tête. Elles avaient pourtant une qualité rare : elles étaient dépourvues de méchanceté, rarement belliqueuses, si ce n'est par jeu ou pour se frotter les cornes. Je n'en demeurais pas moins frappé par leur esprit de meute quand elles croisaient une troupe similaire. Il y en avait une, guidée par une femme aux cheveux blancs, aussi large qu'elle était courte, qui empruntait de temps à autre notre trajectoire. En un instant, ma quinzaine de chèvres, muée en un clan solidaire, se mettait en ordre de bataille, y compris la petite chevrette, prête à en découdre, les cornes n'attendant qu'un signe pour charger. Les chiens, bien que sur le qui-vive, n'étaient que des arbitres à la posture plus défensive qu'agressive. J'étais médusé, incapable d'intervenir entre les deux troupeaux qui se défiaient. Heureusement, la vieille bergère, frappant sans ménagement de sa canne le dos de ses chèvres, ordonnait la retraite de sa troupe, sans daigner me dire un mot.

Sur le ton autoritaire de l'évidence, Henriette Cousin me dit de mettre ma veste et de cirer mes chaussures, nous partons à la messe. Tous mes réflexes d'enfant caché, protégeant ses origines, se fédèrent en un seul : ne pas y aller. Je me souviens subitement de Monthou-sur-Bièvre, les croyantes du dimanche sont coriaces. J'ai la même réticence : pas envie d'être jeté en pâture à leur curiosité, leurs interrogations, ni que cette femme s'enorgueillisse de patronner une âme. Je lui réponds naïvement que je ne peux pas y aller. Inquiète, elle me demande si je crois en Dieu. Je me récrie de ma voix la plus nette : « Oui, madame ! », tout en souhaitant qu'Il vienne me tirer de ce mauvais pas. Comme il lui faut une raison, je lui confie que ma mère est orthodoxe et qu'elle est d'origine serbe. J'ai les yeux sombres, mais ils n'ont jamais été aussi clairs, aussi ouverts que lorsque je lui demande s'il y a une église orthodoxe à Saint-Michel-sur-Savasse. Elle est troublée et se raccroche à mon père : est-il orthodoxe, lui aussi ? Je démens : « Au contraire, il est catholique ! » Elle ne sait plus quoi penser, encore moins quand je juge bon d'ajouter que, chez nous, ma sœur va à l'église catholique, moi à l'église orthodoxe. Elle cherche de l'aide du côté de son mari, qui depuis le début n'a cessé de me fixer de ses yeux perçants. Léonce Cousin, d'une voix calme et pondérée, lui répond comme s'il n'existait aucune issue : « Tu ne peux pas obliger ce garçon à te suivre. Faudrait voir s'il y a une église orthodoxe à Valence. » Une fois sa femme partie à la messe, il se contente de me poser une question : est-ce que ma carte de Russie, c'est parce que je suis orthodoxe ?

Je partage ma gamelle avec Alléluia, et parfois un os que j'ai caché et qui le rend fou d'excitation. Je me demande comment j'ai tenu ce printemps de ma vie sans avoir personne à qui parler ; la parole inutile, l'esprit ruminant à mon tour. À défaut de dialoguer avec mes chèvres, je me suis mis en tête de les identifier : désigner les êtres comme les choses me semblait être une belle approche. Qu'au moins quelqu'un au monde puisse me répondre. J'apprécie le moment de pause digestive collective après le zénith solaire. Je veux en profiter.

Je me suis épuisé des jours durant à leur donner un nom, tentative puérile. Je m'asseyais près de l'une ou de l'autre sans problème, puisque maintenant je faisais partie de leur décor et, passant un temps fou avec chacune, je leur murmurais un surnom que je leur avais minutieusement choisi, y mettant toute ma conviction, avec douceur ou force, modulant sans fin leurs deux syllabes. Je leur imposais mon regard, je l'inoculais dans leurs oreilles, qu'elles se l'inscrivent dans les entrailles, et tentais des appels à voix haute. Peine perdue, autant de dénominations autant d'échecs, et les « Bijou », « Barbue », « Bicoque », « Biscuit », « Brésil », « Bémol », « Bobine »… n'ont suscité qu'indifférence et, de-ci de-là, des bêlements résolument ironiques.

J'étais un pèlerin pubère avec des chèvres dérisoires, sous l'œil de la nature et sans écho de l'univers concret, j'en avais conscience. Mais ce n'était pas tout à fait exact, le monde réel ne se laisse pas si facilement oublier : chaque matin, à l'heure du petit déjeuner, une voix coupante comme une lame de rasoir me cinglait le visage, une homélie de haine me traversait les tympans. Cette voix, c'était celle de Philippe Henriot, ministre de l'Information du maréchal Vichy, une voix d'imprécateur qu'écoutait avec une dévotion quotidienne ma patronne que cette élocution enflammée mettait en transe. Qui était soumis à ce sermon de chaise électrique ne pouvait que frissonner devant cette fulgurance fanatique fustigeant de Gaulle vendu à Londres, la juiverie mondiale, vouant aux gémonies les communistes maléfiques et les terroristes étrangers de l'Armée du crime. J'avalais cela dans mon bol de lait, la cuillère dans la bouche, perforé à l'intérieur par le pamphlet, freinant une montée acide dans l'œsophage, fuyant rapidement la table pour étriller le pelage de mes chèvres piaffantes et m'éloigner rapidement, Blanchette, la jeune chevrette, dans mes bras.

Fin mai, les jours se traînent, les nuits encore plus, le sommeil devient un problème. Je dors sans dormir et me dérègle, c'est le moment où l'angoisse se mêle aux rêves, où les bobines de laine de l'enfance ont des têtes de chèvres, où je me sens séquestré, j'imagine ma mère raflée, et moi oublié à jamais. Le vent frappe sur les lattes de bois du grenier et hurle avec la voix de Philippe Henriot, j'ai envie de m'enfuir, mais où ? Dans le Vercors ? Je me réveille en sueur et vérifie que l'on n'a pas retiré l'échelle. Je déteste ce grenier, la lampe fétide, cet espace où je ne peux ni marcher, ni m'asseoir normalement. Il y a des jours où, en manque de sommeil, je m'endors en gardant le troupeau, et c'est toujours la chèvre aïeule qui d'une patte me tire de ma léthargie. Ou bien Alléluia, qui, ne m'ayant pas attendu, les a déjà toutes regroupées, pressées qu'elles sont de rentrer pour que la patronne puisse les traire, tellement leurs mamelles sont devenues lourdes.

C'est un temps où l'avenir chavire, où je me dis qu'en fin de compte je suis condamné à rester perpétuellement à Saint-Michel-sur-Savasse. J'y suis assigné par une autorité obscure, chacun a une route qui lui est destinée. J'invoque mes souvenirs, ils ne me répondent plus. Je n'arrive plus à reconstituer ce qui a constitué mon existence antérieure, c'est un bloc compact dont j'ai égaré les clefs. L'avenir étant raboté, je crois vivre l'histoire d'un autre et je m'imagine, que je le veuille ou non, un Gabriel Marence gardien de chèvres à vie, inséparable d'Alléluia – supprimez le chien, vous supprimez la fidélité, sans lui ce serait intenable. Ainsi, matins pâles, mal débarbouillé, gnome accroché à des orties, je pars enveloppé de bruine, m'assimilant à mes chèvres, à leur fierté, à leur refus de se laisser amadouer.

À la ferme, je fonctionne avec des lambeaux de pensées accrochés au vol des phalènes, aux pannes d'électricité dont elles semblent les éphémères illisibles. Où se situe donc la passerelle entre le monde véridique et Saint-Michel-sur-Savasse, à ce moment-là ? Léonce Cousin et sa femme Henriette, c'est sûr, n'ont pas les mêmes oreilles, elle absorbe les diatribes officielles de

Radio Paris et lui s'isole pour écouter Radio Londres. Peut-être à eux deux sont-ils typiques de cette période historique de mai 1944 ? Elle prend un plaisir autiste à malaxer les litres de lait en tomes de chèvre, un fromage entre des feuilles de vigne, délicieux d'ailleurs, baignée par la voix énamourée d'André Claveau chantant *J'ai pleuré sur tes pas* ou celle, claironnante, de Georges Guétary dans *On m'appelle Robin des Bois*. Léonce, si vivant à l'extérieur, part à l'aube et, vif au retour, s'éteint en sa présence. Ils ont une relation étouffée, comme s'ils étaient déjà veufs.

Au-dehors, c'est un autre homme. Je m'en rends compte quand il m'emmène à Montmirail pour négocier des semences, l'aider à remplir les sacs, à la façon dont il est accueilli chez ses fournisseurs, à celle qu'il a de plaisanter avec eux et à la manière dont ses trois neveux bondissent vers leur oncle quand on s'arrête pour dîner chez son jeune frère, Christian. Deux amis de ce frère sont venus ce soir-là. Aidée par le vin, la bonne humeur est générale, je ne reconnais plus Léonce Cousin, et mon étonnement est grand quand, l'œil fixé sur l'horloge, Christian Cousin allume la radio pour écouter les informations. Alors que résonnent les trois premières notes de *L'Hymne à la joie*, j'entends : « Les Français parlent aux Français. » Je comprends que c'est Radio Londres et, le cœur battant, je retrouve l'étrangeté des messages de la radio interdite : « Rien de plus important que le ciel bleu corail », « Qui chante à minuit aura de beaux rêves » ou ce qui ressemble à un conseil : « Ne mettez jamais de sable dans votre vin. » À travers les sons qui, exprès, en parasitent l'écoute, nous apprenons que les armées soviétiques viennent de reprendre Sébastopol. Christian se demande où peut bien se trouver cette ville, je déclare que c'est en Crimée – merci, Madeleine Monnier. Aucun d'eux ne semble savoir où se situe cette Crimée, mais aucun d'eux ne sait non plus que Sébastopol était le boulevard parallèle à ma rue Saint-Martin. Je deviens le centre de l'intérêt général lorsque Léonce Cousin, à ma grande surprise, se vante avec aplomb que j'ai une carte de Russie. On ouvre une bouteille de plus pour Sébastopol, on prend rendez-vous autour de cette carte, et à cet instant je sens une considération croissante pour ma personne.

Tous les jours se ressemblent immanquablement, comme un jeu tricheur de cinquante-deux cartes identiques. Et boum, il ne va pas tarder à y avoir une exception : un événement inattendu, ou plutôt trop attendu, va occasionner une journée totalement unique, de celles qui changent la face du monde et, par ricochet, innombrables seront ceux qui n'oublieront jamais cette date. J'ai pris un raidillon au tracé sinueux qui débouche sur une clairière bordée d'une floraison d'acacias, c'est dire le bonheur des chèvres, quand retentit un klaxon inhabituel dans ce coin de forêt inhabité. Un second klaxon plus accentué nous fige. Intervient en réponse l'aboiement désordonné d'Alléluia qui bondit à travers les broussailles et en revient, suivi de la silhouette de son maître.

Léonce Cousin, le patron, se déplaçant pour nous voir, l'initiative est rare ! Je crois ne l'avoir vu intervenir qu'une fois, lors d'une tornade où les quinze chèvres, le chien et moi, serrés les uns contre les autres sous un platane, subissions une avalanche pluvieuse, exagérément interminable. Il était alors apparu en sauveur avec sa camionnette pour nous ramener tout transis à la ferme. Mais là, c'est le contraire, il fait beau, soleil royal, et je ne vois pas de raison particulière à sa venue. En soi, c'est déjà un événement. Parvenu à mes côtés, planté droit devant moi – et même les chèvres qui surviennent l'écoutent –, il m'annonce, le visage transfiguré : « Les Américains viennent de débarquer en France. » Je reste d'abord sans réaction, peut-être plus attentif à son apparition qu'à ses mots, je reçois cette information à l'état brut, telle quelle, sans bien la comprendre.

Je n'en perçois pas tout de suite l'ampleur. Le mot « débarquement » reste à la surface de mon front, ne se fraie pas encore de chemin de l'oreille au cerveau. Voici qu'il me tend deux belles pommes rouges que je prends mécaniquement, élève son chien qui frétille à hauteur de son visage et, le gardant contre lui, me lance soudain, avant de le déposer et de repartir : « Ton père va bientôt revenir du stalag ! » Il ne reste plus alors que le crissement d'un véhicule qui s'éloigne, celui avec lequel il est venu tout exprès m'annoncer la grande nouvelle, me laissant pour sillage d'avenir ces deux pommes rouges associées au Débarquement.

ALLÉLUIA

Je broute une à une toutes les parcelles de l'information surprise que Léonce Cousin vient d'apporter, et sous un platane c'est soudain un tintamarre en moi, les écluses que je retiens qui sautent. Une éruption solaire explose dans ma tête, mon cœur bat à l'envers, l'événement m'apparaît dans toute son ampleur et prend pouvoir sur tout le reste. Mes pensées se bousculent et se résument en une seule expression : « Ça change tout ! » Tout me devient léger. À grands pas, je tourne autour de cet arbre de la liberté, je suis à moi seul la mémoire collective, mon corps se libère, et d'une joie qui s'empare de mes jambes je virevolte. « Alléluia ! » Alléluia, interloqué, a dû comprendre que si son maître s'est déplacé, c'est que c'était important, que mon tourbillon est une grande fête et qu'il est bon qu'il y entre. Il se met à danser autour de moi, nous faisons duo dans une même sarabande.

Dans l'excitation qui nous saisit, les chèvres plus ou moins désorientées ralentissent leur mastication. Le regard vers le soleil et Alléluia dans les pattes, je lance l'une des deux offrandes rouges que j'ai en main vers le troupeau qui ne s'y attend pas et s'écarte. Le chien, parti à toute vitesse, tente de ramasser cette pomme-mappemonde. Les chèvres sont immobiles, c'est un comble, le chien excité les prend pour cible, les contraint à remuer, à se rabattre, et je l'aide. Devant cette extravagance, les chèvres, collet monté, font front, se mettent à bêler, renoncent et entrent dans ce charivari qui leur convient. Elles tournicotent à leur tour comme des derviches, dans tous les sens, dans un jeu où nous sommes tous mêlés.

Impatient de rentrer, d'apprendre les dernières nouvelles, me revoilà sur les chemins escarpés de raidillons dans les hauteurs de Saint-Michel-sur-Savasse, un bâton brandi vers le ciel, une serviette blanche attachée comme un étendard de corsaire. Scandant la marche, j'entonne un air arraché aux Allemands, reprenant à mon compte la rengaine lancinante d'un homme devant sa caserne et d'une guerre qui n'en finit pas. Frappant en cadence mon bâton sur le gravier, je chante jusqu'à en perdre la voix *Lili Marleen*, la rendant vengeresse et hypnotique. Obsessionnel. Comme si nous chantions la victoire à venir ensemble, le lieutenant Alléluia et les guerrières capricornes soudées autour de moi.

L'Histoire extériorise, la mémoire intériorise. Le souvenir est une moisson jamais morte. Cette nuit du 6 juin je n'ai pas pu dormir, la lumière torve du grenier et les lucioles folles tourbillonnant autour de l'unique lampe me semblaient habitées de vibrations inhabituelles, messagères de la rumeur de la plus grande armada de tous les temps, jaillissant de la mer et tombant en grappes du ciel quelque part en Normandie. Comment fermer les yeux, comment dormir avec l'émotion que je ressens ? La vie et la mort sont face à face dans ce jeu d'échecs qui broie la planète. Mais là, le sort en est jeté, la Seconde Guerre mondiale prend un tournant irrésistible et change de camp. Parcouru de frissons, je somnole en suspens, tandis que dehors des grenouilles assoiffées coassent. J'ai envie de passer ma tête par la lucarne, elle est trop petite, j'aurais aimé chanter victoire, même si c'est trop tôt.

Ce 7 juin au matin, je n'ai pas du tout envie de travailler, mais je suis satisfait d'y être contraint, car je ressens le bienfait de vivre à la fois ces deux contrastes, le quotidien et l'historique. Et, que mes chèvres soient patriotes ou pas, il faut bien aussi qu'elles broutent ce jour-là. Ce petit matin me semble encore irréel, je marche encadré par ma troupe aux clochettes stimulantes. Pour me défouler, je pousse des petits sprints en dépit de la pente montante et je redescends encore plus vite. Le concile des chèvres, surpris, attend que je choisisse le bon chemin. Alléluia au contraire trouve cela fabuleux et m'accompagne dans mes courses folles. Essoufflé, je retourne à mes chèvres, je tiens à être persuasif. Je prends alors la parole afin d'acquérir leur adhésion à cette immense espérance. Les chèvres écoutent mais n'entendent pas, Le Débarquement ne les motive guère, ce qui leur importe, c'est qu'elles ont soif et, ravies que je change de sujet, elles bifurquent vers leur point d'eau préféré. Du coup, elles m'entraînent et c'est moi qui cours. Le plus étonnant est que ce bistrot pour ruminants, cette modeste flaque d'eau stagnante porte le nom inattendu d'étang de Guerre. Ça ne s'invente pas !

Retour du soir au bercail, les agriculteurs tiennent assemblée chez les Cousin, ce qui est rare. C'est la préparation saisonnière de la moisson toute proche, une réunion conséquente où les propriétaires des terres mettent au point leur entraide mutuelle, chacun à son tour aménageant son calendrier afin de se rendre disponible pour les autres. Sans les prisonniers de guerre, et avec le S.T.O. et les réfractaires, le manque évident de bras pose problème. M. Léonce me mobilise pour la semaine suivante. Cela va de soi, je n'ai pas voix au chapitre. Je contribue donc à servir à boire, ayant moi-même soif. Certains restent, ceux qui étaient l'autre soir chez Christian, le frère cadet.

Toutes les femmes sont à la cuisine. Les hommes se dirigent vers la remise à outils, c'est ici finalement que la carte de Russie a trouvé sa place secrète, punaisée à l'intérieur d'une armoire déglinguée. Imitant Sanglier avec des épingles, j'ai relié avec des fils de couleur le tracé du front russe. Intimidé, je fais le guide puis m'enhardis, y matérialise une Russie en pleine contre-offensive et les entraîne dans un voyage au cœur du patrimoine magique des villes reconquises, Orel, Kiev, Vitebsk, Koursk, Nijni-Novgorod, qui résonnent en eux, dont ils ont entendu les noms à la radio et qui en deviennent mythiques. Pourtant, c'était une démarche clandestine, cette remise est devenue un espace de rencontre, on passait comme par hasard devant la ferme, on y jetait un coup d'œil stratégique pour savoir où était Smolensk, reprise la veille par l'armée rouge, constater que les aiguilles que je plantais avaient avancé de quatre centimètres et que, si elles continuaient ainsi, elles s'enfonceraient bientôt dans les artères de la frontière allemande.

Je veux absolument voir ma mère, cela me ronge. Avec les événements, c'est inconcevable de ne pas se retrouver, et j'informe mes patrons que j'envisage de prendre le car dimanche pour aller lui rendre visite. Je me heurte à un refus. Je ne cherche pas à comprendre leurs raisons, je connais suffisamment les miennes, même si je ne peux en donner le motif profond. Ils croient depuis le début que je suis le fils d'un prisonnier de guerre. Et je pense ne pas avoir trop menti, j'en ai rajouté un peu, c'est tout, leur confiant en arrivant que mon père était en Prusse orientale, Kœnigsberg, un nom qui ressemblait à celui de *La Grande Illusion*. Face au rejet de mes patrons, je me bute, je deviens un bloc de granit, je ne suis pas un prisonnier mais un gardien de chèvres, et si tous les dimanches je fais le berger, j'ai quand même le droit d'avoir un dimanche à moi. M. Cousin, lassé, me dit qu'il me conduira à Romans après la moisson. Je rétorque que c'est ce dimanche que je veux y aller. Le dimanche arrive et je m'habille comme si je m'apprêtais à partir en dépit de leur veto. La tension est palpable, je peux être très têtu, ils ne vont quand même pas me frapper ! Finalement, le patron grommelle, lâche du lest, joue à être conciliant, consent enfin à cette permission du dimanche. Sa femme, outrée, sort en claquant la porte et Gabriel Marence se retrouve devant la mairie, juste à l'arrivée du car.

Ma mère ne s'attend absolument pas à ma venue. Lorsque je frappe au premier étage de la rue de Clérieux, dans l'encadrement de la porte, son visage se métamorphose et passe de la crainte au bonheur. Elle-même était dévorée par l'envie de me voir, mon initiative inattendue la comble et nous nous étreignons très fort l'un l'autre. Les circonstances agissent parfois comme des accélérateurs, nous pouvons peut-être regarder au-delà, comme si à deux nous entrevoyions au loin une lumière fragile s'extraire de l'obscurité, et camouflés comme des hors-la-loi nous avions enfin le droit d'exister en plein jour. Des chansons nouvelles aux paroles inconnues nous entraînent, ça nous fait du bien. Ma mère prononce un mot jusqu'alors incongru : « retour », deux voyelles étranges qui nous font frémir. Une même secousse relie la mère et le fils. Il est volubile, elle est fébrile, nous échafaudons des plans qui n'en finissent pas, des perspectives plus ou moins crédibles aux contours flous, où se glisse, sortant de l'ombre, la figure du père. Son image se convertit en celle d'un revenant d'une steppe lointaine, cheminant tel un pèlerin, un bâton à la main, de frontière en frontière, traversant l'Europe à pied. Je n'ai jamais lu Tolstoï, mais ça y ressemble.

Ma jeune sœur Jeanne, qui a grandi, revient de la rue des Clercs, chez Mademoiselle. Elle y fait souvent ses devoirs, y dort parfois à cause du couvre-feu. C'est la veille de son certificat d'études, elle est tout agitée, perturbée aussi. À regret je les quitte, l'heure est venue de reprendre le chemin de Saint-Michel-sur-Savasse. Une fois dehors, ma liesse est retombée. Romans est ficelée de soldats allemands. La putain de Wehrmacht et tous ses uniformes vert-de-gris occupent les carrefours. Des sentinelles armées devant les frises de barbelés autour du collège, du garage Citroën et de l'Hôtel de l'Europe imposent toujours leur posture d'envahisseurs. Je traverse la place du maréchal Philippe Pétard pour prendre le car à la gare routière. Je conserve un crachat dans ma bouche que j'avale de travers.

De retour à la ferme et à toutes ses odeurs, on fait comme si la vie d'avant continuait, immuable. Alléluia gambade autour de moi, hélas il ne peut monter au grenier. Comme tous les soirs, je grimpe à l'échelle inamovible pour rejoindre ma paillasse moisie et m'y coucher. Soudain, comme une chape de plomb, le retour à une existence urbaine me semble lointain. Je me sens solitaire. Dans l'obscurité que je n'aime pas, je me contrains à penser le contraire, que ma présence ici n'est qu'un sursis. Sauf avatar grave, viendra bien un jour où le chevrier Gabriel cessera d'être Marence et quittera ce terroir où se perpétueront les ruminantes, d'aïeules en chevrettes.

Pour l'instant, me voilà torse nu sous le soleil, dégoulinant de sueur, le corps griffé par les bottes de céréales qui s'entassent, les doigts gourds à lier des tiges récalcitrantes qui me reviennent sur la figure. Les ouvriers du blé sont répartis dans les champs des deux familles Cousin, nous sommes largement une trentaine dans la fournaise. Parmi eux, je suis un Parisien agricole halluciné de rayons gamma. Au second jour de la moisson, j'ai le visage irradié sous un chapeau pivoine trop grand qui ne cesse de tomber sur mes yeux. L'adolescent est certain qu'il ne va pas tarder à s'effondrer. Mercenaire accablé, la peau à demi carbonisée entre les quolibets qui pleuvent, et malgré l'indulgence de quelques-uns, il intègre que l'enfer est sur terre. Et que c'est jour de gloire pour Mme Henriette Cousin.

Elle a installé une grande tablée en plein air, chacun s'y case, se serre entre chaises et banquettes. Les poules sont cadenassées dans leurs cages, les chèvres privées de sortie, des enfants traînent au sol, des corneilles noires aux ailes palpitantes se sont invitées, grappillant tout ce qu'elles peuvent. Le vin coule à flots, ça braille et ça se pourlèche, surtout quand arrive le plat principal qui chatouille l'odorat dans sa sauce béchamel. C'est délicieux et je mâche comme tout le monde cette viande succulente. Interrogé sur ce que j'en pense, je ne puis qu'en dire du bien. Mon voisin déclare que c'est une viande locale, la patronne, cette chère Mme Cousin, en rajoute : « Et ça ne vient pas de la boucherie ! » puis m'interpelle pour savoir si je sais au moins ce que je mange. Évidemment, je l'ignore. Elle demande le silence à toute la tablée et annonce devant l'auditoire de la moisson que c'est Blanchette, ma toute jeune chevrette, que j'ai en bouche, la petite benjamine du troupeau qui venait souvent se réfugier contre moi et brouter des miettes dans ma main. Je reste pantois, momifié trois secondes et, me retenant avec peine, je vomis cette vie sacrifiée, cette viandaille triturée entre mes dents, je cherche à quitter la table, j'en deviens au contraire le centre, et nombre de ces moissonneurs déjà avinés s'esclaffent de bon cœur à ma réaction. Écarlate, je déguerpis pour aller dégobiller au loin ma pitance.

Je sais l'écart démesuré entre ma répulsion devant l'équarrissage d'une chevrette gambadant hier à mes flancs et retrouvée cuite dans une casserole, et cette boucherie mondiale des forces du malheur sur la planète. Ils me disent que j'ai une sensibilité de fille, j'ai beau m'en vouloir, je n'y peux rien, et je préfère de loin ma faiblesse. À vrai dire, je découvre aussi des pulsions dont je ne suis pas forcément fier. Ainsi, pour pallier l'ennui du vide qui s'empare de moi, m'opposer à ce qui empoisonne inutilement notre vie, je me suis converti en exterminateur de mouches. J'ai une haine enragée de ces insectes nocifs qui pullulent, bourdonnent, obstruent l'oreille, perturbent la vue et s'alimentent sur la peau. En fin de journée, passant des chèvres aux mouches, j'entame ma petite guerre personnelle. Ma méthode est de les attraper une par une en plein vol, et une fois prisonnières de ma paume, de leur arracher minutieusement les ailes. J'acquiers une telle vitesse, une telle virtuosité dans cette razzia que je deviens le héros de la basse-cour. Coqs, dindons, canards et poules enthousiastes se pressent autour de moi, se délectant des mouches mutilées qui finissent leur passage sur terre dans leurs becs.

Jeune chevrier en short, reste d'un pantalon sacrifié, je me mets en tête d'amener ma cohorte au point le plus haut de Saint-Michel, dominant la Savasse et la plaine des alentours. Là, je suis sur mon Olympe, j'y retrouve une sérénité sans contradiction, une respiration à la mesure de l'espace où peu à peu j'atteins une sorte d'exultation qui me bouleverse. Cette sensation de souveraineté n'est qu'un leurre, me dit la raison, je ne suis qu'un grain dans un silo cosmique. Hors du monde dont je ne sais plus si j'en fais partie ou non, mon exil est un territoire entre des foisonnements de fougères et des multitudes de fourmilières. Fasciné par leur civilisation, observant leur grouillement incessant, je m'identifie à elles. Mais est-ce esclavage ou intelligence ? Je me demande si, dans cette répartition du travail parmi les fourmis, il y a parfois un poète.

Du matin au soir je n'ai personne avec qui converser. Je me subordonne au silence comme la pluie qui tombe, et la nuit je rêve que le plafond qui est déjà bas descend inexorablement au-dessus de moi, avec pour objectif de m'écraser. Je me réveille l'œil fixe, mobilisant contre le plafond mon influx vital pour l'en empêcher jusqu'à ce qu'il remonte. Et le lendemain ressemble à la veille, la veille au lendemain, j'ai des pollutions nocturnes, les nuages sont toujours protéiformes, j'ai un vieil os à lancer pour Alléluia et c'est moi qui cours à sa place, ravi il aboie, je lui réponds en langue canine. Quelquefois je me raccroche à de vieilles chansons et curieusement ce sont celles en yiddish qui persistent, comme s'il y avait un bout d'identité insolite au milieu de tout ce que j'ai oublié. Que ce soit le lointain de Paris dont je me souviens de moins en moins, la fille à bicyclette de Monthou-sur-Bièvre ou les clous dans ma trachée-artère qui s'estompent également, désormais je suis à l'école des enfants seuls et muets.

Parfois mon esprit imagine que la guerre n'a jamais eu lieu, que je traîne devant les bouquinistes des bords de Seine, et ce qu'aurait pu être mon avenir. La lecture a été l'heureuse pourvoyeuse de mon enfance, elle embellissait mes pensées, je m'engouffrais dans des récits dont je revenais grandi. Aujourd'hui je suis interdit de lecture. Dès mon arrivée, j'ai subi ce châtiment : il m'était défendu d'emporter quelque livre ou journal que ce soit.

J'entends encore cette sentence à mon arrivée, ce leitmotiv qui crisse dans mes oreilles : « Jeune homme, on ne peut pas à la fois lire et garder des chèvres. Jamais de la vie ! C'est l'un ou l'autre ! » La patronne autoritaire, pouvoir absolu aux seins de fer, s'est mis en tête d'effectuer la revue de mes poches. Elle vient de trouver la faille, arrache de mon blouson le livre qui dépasse. Je la sens exaspérée à l'idée outrageante que je l'aurais emporté à son insu. En moraliste censurière, elle déchiffre le titre qui la laisse au-delà même de toute perplexité, *Mourir de ne pas mourir*, imaginant sans doute que je ne sais quelle incitation funèbre pourrait s'y cacher. Je proteste, bégaie : « Je ne l'ai pas encore lu ! » Elle me confisque ce recueil que m'avait prêté Stéphanie Sanglier, dernière trace de la nuit passée chez elle. Les chèvres, dans le rôle du chœur muet, commencent à s'agacer du mélodrame et rabotent le sol de leurs sabots impatients, ce qui met fin à la diatribe, mais non à mon humiliation. J'ignorais qui était Paul Éluard, mais brûler un livre ou m'empêcher de le lire était un fossé irréductible. Je n'avais pas le sens du sacré, mais je n'en étais pas loin.

Je ne lui ai jamais pardonné cette mauvaise action, ne lui adressant la parole qu'au minimum. Il fallait que je trouve une parade, et je croyais savoir comment. Après la moisson, M. Cousin m'avait donné une petite prime, sans doute aussi pour embêter sa femme. Avec l'argent de poche, je me procure un cahier rouge à spirale, une petite bouteille d'encre, un porte-plume. Je décide de sélectionner des mots, trois chaque jour, à ajouter dans mon escarcelle, à condition qu'ils me sonnent neufs à l'oreille. Le moindre mot est semblable à un morceau de pain, je me le mets en bouche et je le mâche, le salive et le répète. Le petit dictionnaire que j'ai planqué dans un creux d'arbre est l'unique rempart à la violence des barbares. C'est un peu mon arbre à palabres. J'ouvre le *Petit Larousse*, choisis au hasard la lettre « S ». Trier et choisir, ça prend du temps, j'ai besoin que les mots me parlent, forment une famille, finalement le triptyque d'ouverture de mon cahier sera *Strophe*, *Subversif* et *Stoïque*.

Hélas, devant une page blanche, la force d'inertie prend le dessus. Les mots figés s'éparpillent, entrent en dissidence et ce que je voulais y noter s'envole comme une sève évaporée, c'est l'Himalaya et je suis un nain. Dans l'inconnu solitaire de la forêt des hommes, si je ne parviens pas à écrire, autant renoncer. Je soupire. Pourtant, la parole écrite, c'est ce qui reste d'un homme, se taire, c'est ne plus avoir de réponse. Et je ne suis plus qu'un berger rétif à la triste figure, un pâle enfant perdu entre Gavroche et Cervantès. Je m'accroche à des bouts de mémoire qui me reviennent.

Ce Don Quichotte a été le héros romanesque de mes douze ans, l'inspirateur de ma Finalorie intérieure. Cinq ans après, le dos contre un rocher surplombant le vide, un horizon à donner le vertige, à part ce brouillard qui masque au loin le Vercors, je pressens mystérieusement que ce sont les Don Quichotte qui vont gagner, les chimériques attaquant les roues des moulins à vent, parce qu'il y a de quoi devenir enragé dans ce monde, et ce sont eux qui sont dans le vrai, malgré les coups reçus. C'est le défi de l'idéal et j'ai même un Sancho Panza, mon chien fidèle, Alléluia, frère de ma solitude de ce temps-là, absorbant de ses yeux approbateurs mes soliloques muets, m'insufflant sa présence avec son regard attentionné, anticipant toutes les contraintes, la sieste confiante de son mufle écrasé sur mes jambes.

Là où les arbres se font plus rares, contournant la colline, il y a un sous-bois de mûriers inexploré. Les caprines s'en délectent, hument les herbes folles et entament leur travail de défrichage, puis disparaissent, hormis une qui s'attarde à rester proche de nous. Je les laisse à leur appétit, m'apprêtant à disposer du mien. Un semblant de clairière s'offre à moi et je sors précautionneusement la petite fiole d'encre. Assis, l'ayant ouverte et installée au sol, à peine l'ai-je posée que je suis contrarié, la voilà qui se renverse. La chèvre solitaire ayant jeté son dévolu sur l'humus du même arbre que nous, sa patte arrière a heurté le flacon qui se vide.

Cette chèvre, je crois, est daltonienne, ses yeux sont de couleurs différentes, elle est souvent mise à l'écart par les autres. Déconcertée et curieuse, elle goûte l'encre qu'elle prend pour une liqueur, recule, stoppe, sa langue est toute noire. Rebutée par cette saveur qui lui semble maléfique, elle tournoie sur elle-même et, prise d'une danse de Saint-Guy, s'affolant, disparaît vers le nord. Alléluia, à l'affût, a compris mon signe et s'engage dans la même direction. Que faire ? Il ne reste plus qu'un fond de quelques gouttelettes de l'élixir d'écriture, j'y trempe le porte-plume, je trace sur la première page, en noir, un point d'interrogation, et en dessous, en majuscules, détachant chaque lettre :

?

P O U R Q U O I

Une cloison infinie me sépare de mon père. Tout me donne la sensation d'une distance incommensurable. Dans ma traversée actuelle de l'existence, lui et moi ne sommes plus dans le même monde, j'en ai l'intuition. Je tente de considérer que nous sommes entre parenthèses, l'un déporté, l'autre déplacé. Ni l'un ni l'autre n'en est responsable. Nous sommes la proie de tentacules morbides. Ce n'est pas le moment d'exposer ma blessure. Ni souffrance ni oubli, je suis soumis à ma nouvelle identité réductrice : Marence. Mon vrai nom d'origine est, étymologiquement, « Graine de céréale » ; que le blé pousse et nous réunisse ! Je choisis secrètement l'espérance pour mon père. Il est dans le tréfonds de mes pensées, il est là et il m'attend, dans une autre vie où je me souviens que je l'appelais « Papa », et tant que je ne peux pas le redire, je me tais. C'est mon silence le plus grand.

Retour du cross-country quotidien avec mesdemoiselles les chèvres, la maison est vide. J'en profite pour me débarbouiller. La traite a toujours été le rôle de la patronne, et je ne vois pas cette fois les seaux destinés au lait. Je m'assois quelques instants sur l'un des sièges de la fausse véranda. À la cuisine, aucun signe de préparation du dîner : curieux. Je commence à être inquiet, je fais le tour de toutes les pièces sans voir qui que ce soit, c'est anormal. Je monte à l'échelle et reste effaré lorsque je découvre Mme Cousin dans mon grenier, où elle ne vient jamais. Elle est sur les genoux, les cuisses dévoilées – elle les a larges – et frotte le plancher avec une ardeur acharnée. Sa voix rugueuse me lance :

— Si tu ne le sais pas, c'est pour toi que je travaille !

Effectivement, il y a un grand coup de lessivage et le sol est humide. Il en avait besoin. D'un regard inhabituel, en se mordillant les lèvres, elle rugit :

— Content ? T'es content ? Hein, dis-le !

Statufié, je réponds :

— Oui.

Visage déformé, à moitié dépeignée, elle rétorque :

— J'en étais sûre !

Elle trempe la serpillière dans une bassine et, le regard violacé, elle ne me lâche pas et hurle :

— Ils l'ont assassiné !

Comme je ne comprends pas, elle continue dans un souffle convulsif et saccadé :

— Ils ont assassiné Philippe Henriot !

Des larmes sur les joues, elle s'écroule près de la serpillière.

La nouvelle est immense pour elle, pour moi aussi. Le ministre de l'Information de Vichy, l'orateur haineux, le délateur, le pamphlétaire de nos cercueils a été éliminé. Le dos secoué, elle ne bouge plus, mais je sais qu'en réalité elle guette ma réaction. Je n'en manifeste aucune. Mais, comprenne qui pourra, je l'aide à se relever. Lentement, nous descendons l'échelle.

Cette femme a empoisonné sa propre vie, elle a oublié en cours d'existence l'écoute, l'attention aux autres. Il n'y a pas une once de ce qu'elle développe ou pense qui m'intéresse. Je n'adhère pas à sa dévotion pour l'ordre et l'obligatoire, mais je me fais neutre, ses interventions glissent sur moi et je remplis mon contrat. Mais c'est plus profond que cela, je crois que je la perturbe, ma présence lui pose problème et ce qu'elle ne comprend pas, c'est l'attitude bienveillante de son mari à mon égard, la jubilation constante de son chien, je le vois bien à sa réaction de dépossédée quand je l'appelle Alléluia. Les chèvres, à peine debout sur leurs pattes, au matin viennent parfois me présenter leur tête pour que je gratte le bois entre les cornes, ce qui est un sommet relationnel chez elles. Je n'y peux rien ! Elle est fâchée à mort avec la ferme la plus proche, il n'est pas grand monde pour lui rendre visite, ce qui ne me déplaît pas et me préserve de la curiosité collective. Je ne descends guère au village, en dehors de la boulangerie, où comme ailleurs je suis investi du « donnez-nous notre pain quotidien ». La boulangère, blonde et rieuse, se campe devant moi et c'est chaque fois la même question : « Ça va bien en haut ? » sans que je comprenne si elle s'inquiète à mon sujet ou si elle fait allusion à la discorde du couple. Question rituelle et réponse par une mimique, je hausse les épaules, un peu énigmatique, et je sors bouche cousue.

Alléluia m'attend toujours dehors. Je ne le vois pas, ce qui est inhabituel. Je me rends à l'évidence, il n'est pas là. Serait-il rentré seul à la ferme ? Et pourquoi ? Je ne peux que me résoudre à rapporter miche, pain fantaisie et levure. Quand j'arrive, la table est mise et je n'aperçois pas Alléluia. Je ne dis rien, essayant de retarder les remontrances. Une salade ouvre le dîner, puis du jambonneau ratatouille, un plat de ce genre. Le chien est toujours absent et mes patrons n'ont pas l'air de s'en rendre compte. D'habitude, il est constamment là, à quémander une part du repas, à poser sa patte sur un genou pour se rappeler à notre attention. Et ce soir, néant! Pourquoi ne me pose-t-on pas de question, puisqu'il m'a accompagné à la boulangerie et que je suis revenu sans lui ? J'ai l'appétit coupé.

Léonce, percevant ma nervosité, prend alors la parole :

— Gabriel, ne t'inquiète pas trop pour le chien. Il est parti voir sa copine.

Je me demande si je rêve, s'il se moque de moi. En tout cas, je dois faire une drôle de tête. Une copine ?

— C'est un chien fidèle, c'est rare !

Léonce se marre franchement.

— Il est père de famille, c'est quelqu'un de très naturel !

Silence de plomb du côté d'Henriette Cousin.

— Allez, mange. Sa copine est au chemin de la Croix, c'est leur saison de rencontre. Et crois-moi, il sera là demain matin pour les chèvres. Fidèle, je te dis, ton Alléluia !

Je n'en crois pas mes oreilles, demeure ébahi. Il va falloir que j'interroge le cachottier.

VERCORS

Des tracts sont glissés de nuit dans les boîtes aux lettres, tout le monde le sait, mais personne n'ose en parler. On évoque en pointillé l'existence d'une République du Vercors et des parachutages d'armes. Informations précises ou allégations ? Des bruits circulent, des rumeurs se répandent, l'opinion a basculé, ça se sent sur les visages, dans les démarches, le timbre de voix. Ça vient aux oreilles par le frère du patron, l'institutrice, l'apprenti du boucher, au lavoir où ça bavarde. La patronne bravache tient tête. Qu'importe, il y a la trêve du dimanche matin, la baguette à la farine de maïs, un café ersatz d'orge grillé et le lait frais de nos amies les chèvres. C'est un moment où la tension diminue, où le patron se rase en chantonnant, où la patronne quitte la grisaille de sa blouse traditionnelle pour la messe, avec un chapeau cloche étrange rose fané des années trente. Je décrotte et cire mes chaussures, rince mes cheveux indisciplinés, brosse Alléluia.

Ce jour-là, Henriette Cousin nous surprend. Elle a préparé en secret une pâtisserie alléchante. C'est bien la première fois, et son mari semble plutôt étonné.

Comme c'est le 14 juillet, il sifflote entre les dents « Vive la République », il n'est pas mécontent et lui offre un regard détendu. J'essaie aussi de montrer une certaine satisfaction. Met-elle de l'eau dans son vin ? Serait-ce dû au geste que j'ai eu dans le grenier ? C'est ce que j'en déduis. Nous sommes quatre à table ce dimanche, une convive inconnue, âgée, édentée, tend son assiette vers le dessert. C'est la nourrice de la patronne, celle qui l'a élevée et passe de temps en temps sans prévenir. La trêve espérée n'ira pas loin. La nouvelle venue s'extasie, où donc la patronne a-t-elle pu récupérer les ingrédients ? La pâtissière improvisée vante ses propres mérites, la difficulté de se procurer de la farine, évoque une réquisition dans le village voisin de Montmiral où une descente éclair de résistants a exigé et est repartie avec deux camionnettes de produits alimentaires pour soutenir les francs tireurs du Vercors. Je ne sais si c'est elle ou la nourrice qui parle de méthodes de gangsters. Léonce soudain s'échauffe, repousse sa part du gâteau, tape du poing sur la table, demande s'il serait préférable que les patriotes crèvent de faim et, ne parvenant pas à se dominer, sort en claquant la porte, Alléluia dans les pattes. Long silence, la patronne s'est rembrunie, je ne touche plus à la pâtisserie, la vieille nourrice tassée sur sa chaise reprend ses esprits, hoche la tête et marmonne : « Et dire que vous étiez tellement amoureux ! » La défaite de la France a signé la défaite de leur couple.

Les événements vont plus vite que les comportements. J'ai laissé la nourrice édentée s'entretenir avec le vieil âne dans sa guérite, de même génération ils sont faits pour s'entendre. Je rassemble les chèvres pour une ascension vers la manne forestière. Mais cette fois nous n'irons pas au bout. Cinq cents mètres, et en un instant les chèvres s'immobilisent, un vrombissement continu remplit le ciel. Surgis au-dessus de nous, des avions se déploient en position d'escadrille sur toute la largeur de l'horizon de Saint-Michel-sur-Savasse. Quelques-uns, aux sirènes insupportables, piquent du nez vers le village et remontent, image violente de Stukas qui ensuite s'éloignent et foncent en éventail vers le massif du Vercors. Puis d'autres, qui par vagues les remplacent.

D'abord pétrifiées, les chèvres refluent et, prises de panique, se bousculant, s'élancent vers leur point de départ pour finir de trembler dans leur étable. Alléluia s'est terré, je me demande où. Et, que je le veuille ou non, je demeure vissé sur place. J'entrevois à mi-hauteur une partie des habitants statufiés comme des figurines devant leurs façades. Une réminiscence me frappe, celle des habitants de Savigny-sur-Orge saisis de paralysie le jour de la déclaration de guerre. Sauf que cette fois ce sont, au loin, immédiats et assourdis, les échos sonores des chapelets de bombes inlassablement largués sur les campements et refuges des républicains du Vercors.

La foudre, les intempéries, les cataclysmes sont des épreuves liées à notre relation à la nature. Mais l'abomination découle ici d'une atrocité perpétrée par l'homme lui-même, d'une volonté d'extermination qui porte un nom, « crime de guerre ». Je n'écris pas l'Histoire, j'en suis séparé par une mince pellicule, à la fois en dehors, à la fois impliqué. Je suis au rebord de la poudrière. Des avions planeurs plongent vers le Vercors, verrouillé à toutes ses issues. Alléluia aboie violemment et, le collant contre moi, je l'oblige à fermer la gueule, il n'y a pas d'autre mot. La suite est funeste, l'anéantissement du territoire de la Résistance, la destruction de Vassieux réduit en cendres, les ruines de Chapelle-en-Vercors et Saint-Nazaire-en-Royans. Et, abandonnés sur place, six cents corps fusillés et immolés.

Le silence mort de la terre brûlée de ces 21, 22, 23 juillet 1944 tombe sur la vallée. Ce traumatisme, la population des villages agricoles autour de Romans le vit très mal. Des larmes, du dégoût, de la colère. C'est une déclaration de guerre contre eux. La crainte de nouvelles représailles est moins forte que la haine. Proches d'eux, plusieurs centaines de jeunes villageois avaient rallié le Vercors, c'est aujourd'hui autant de familles affectées, et les nouvelles qui filtrent pour savoir qui a survécu ou pas sont obscures. On évoque avec horreur le cauchemar de soldats mongols, des chiffres circulent, dix mille soldats allemands et miliciens de la légion française ont assailli quatre mille jeunes chevaliers des contingents militaires et civils de la Résistance.

L'atmosphère change, le patron ne va plus en catimini chez son frère le soir, c'est chez lui qu'il écoute maintenant Radio Londres, et j'ai sans problème le droit de m'asseoir à ses côtés. La patronne ne dit plus rien et ne dira plus jamais rien. Elle vaque pour ne pas être présente, mais triche pour entendre des bribes et se fige le jour où l'émission *Les Français parlent aux*

Français annonce qu'Hitler vient d'échapper de justesse à une tentative d'assassinat organisée par des généraux de l'État-major allemand. Inquiet pour ma mère et ma sœur, une courte lettre avec la signature de Stéphanie Sanglier me rassure. Elle m'embrasse avant de signer.

Ce qui est vraiment neuf, c'est que je ne monte plus à l'échelle et ne dors plus au grenier. C'était devenu intenable, une chaleur à défaillir, à rôtir, dont je me suis extirpé deux nuits de suite avec une couverture pour m'allonger dehors, contre la porte de l'étable. Entre orange et rouge sang, la lune est rousse. Envoûté, je choisis une étoile fixe avec laquelle je pourrai m'endormir. Des chèvres bredouillent dans des rêves que j'ignore, me réveillent, je me défends des moustiques et je ne trouve plus le sommeil. La seconde nuit, Alléluia vient me tenir compagnie, au petit matin le patron me surprend alors que je remonte l'échelle. Je n'ai pas eu à insister, on m'a installé un lit de fortune dans la remise à outils, dans un angle déblayé entre d'anciennes pioches, des roues déjantées, des guéridons boiteux et un fourbi d'objets d'avant avant-guerre. Je dors désormais dans ce décor hétéroclite comme un jeune antiquaire.

En ce début août, la canicule, l'ambiance pesante, le temps qui passe, ou plutôt ne passe pas, semblent interminables. J'ai hâte que la fin du conflit arrive, mais il stagne. J'exagère, évidemment, puisque Brest vient d'être libéré, les Russes sont aux portes de Bucarest, mais les Allemands lancent des avions sans pilote qui pleuvent dru sur les Londoniens. Ces V2 font des dégâts et semblent tout droit sortis de la science-fiction. Je souffre de lassitude et de brûlure dans mes virées et les chèvres manquent d'allant sous la sécheresse du soleil. Le point central des sorties de mon escouade est l'étang de Guerre, c'est une grande flaque, on y étanche la soif, écrasés on y fait des siestes et je me perds dans des idées qui vont et viennent, se diluent et s'enchaînent, j'imagine un grand fantôme universel qui nous palpe et fait le tri : « Celui-ci, je le laisse et celui-là, je me le garde », comme les clous quand j'étais apprenti à l'usine. Je suis encore de ceux qui restent. Pourquoi ? Sentiment confus, je suis de la mauvaise graine ou aurai-je un destin, et lequel ? Ma conviction profonde est que la chance ça se gagne, ça s'organise aussi. Je pense à ma mère, à Mademoiselle, à l'oncle Maurice, à la famille Lizzardi, à ces inconnus, à ceux qui dans toutes les tourmentes prennent des risques, tous ces protestataires qui trouvent des refuges et créent des filières, et aussi aux combattants qui meurent sur tous les fronts, des sacrifiés dont il ne restera qu'à déchiffrer les tombes. Jusqu'au jour où l'on oubliera que cette guerre a existé.

Les pensées sont des étoiles filantes dont certaines s'incrustent en moi : « Tant que tu penses, tu vis, et tant que tu vis, l'ennemi n'a pas gagné. » Heures solitaires où je médite, c'est surtout un combat contre la léthargie, dont les thèmes sont récurrents. La torture, rien que le mot et déjà elle contamine. L'éternité, c'était avant de naître et personne ne connaît la suite. L'infini donne le vertige, la réponse est le fini, c'est-à-dire l'homme. Hurler seul, est-ce utile ? Contre l'oubli, je reconstitue des repères, des situations vécues, je suis un pêcheur à la ligne et au bout de l'hameçon je ramène des visages, des prénoms, des regrets, des sourires. Parfois rien ne vient, hormis la nature animale la plus simple, un lézard, une sauterelle, un escargot et je reste la tête creuse et végétale, que réveille un faucon qui me survole. Que fera notre génération ? De ce trop-plein de meurtres, comment pourrait-on sculpter l'avenir ? Mon esprit n'arrive pas à rester inerte, je monologue sur la généalogie de mes grands-parents inconnus de Varsovie. Ils doivent avoir plus de quatre-vingts ans. Vivent-ils encore ? Et puis je songe aux jeunes filles, et sous mes cils clos je les écarte, elles ne font pas partie de mon territoire, elles habitent un ailleurs et je tais une question lancinante : « Pourquoi leur plairais-je ? »

Le 15 août, Assomption. Second débarquement. Cette fois sur les rives de la Méditerranée, département du Var, entre Cannes et Hyères, vers le Lavandou. Les troupes américaines sont accompagnées de la Première Armée blindée française de De Lattre de Tassigny, ce qui marque le rôle de la France dans sa propre libération. Ce n'est plus la carte de l'URSS que nous avons devant nous, mais la carte de France. Nous l'avons dépliée et posée au sol, nous sommes une demi-douzaine en pleine effervescence dans ma remise à outils, et c'est à qui prévoit les itinéraires, les distances, la durée, ce qui va se passer pour Marseille. Christian Cousin imagine des parachutistes anglais sur le Vercors. Pourquoi anglais ? Parce qu'ils ne font pas partie de ce débarquement ? Je ne sais pas, lui non plus. Les adolescents en France ne peuvent plus échapper aux circonstances. Ma passion pour l'histoire et la géographie remonte à la surface. La Drôme est sur la route des libérateurs, tout se jouera avec la remontée de la vallée du Rhône. Ensuite, l'armée allemande risque d'être prise en étau entre les deux débarquements. Léonce Cousin, moqueur, m'appelle « le petit général ».

Les interrogations se cristallisent sur la proximité – à deux cents kilomètres – de ce débarquement. Tous raisonnent, dix à vingt kilomètres par jour, ça fait combien de jours pour arriver à Saint-Michel ? Ils m'emmènent presque de force pour un grand rallye de vin blanc au village. La table à côté est déjà occupée, je ne les connais pas, hormis l'institutrice à peine entrevue jusque-là. L'un des hommes est très grand, avec un imper noir léger qui lui descend presque jusqu'aux pieds et des lunettes qu'il essuie souvent. Un jeune homme blond arrive et annonce que Saint-Malo a été libérée. Les deux tables se fédèrent, on boit tous évidemment à la santé de Saint-Malo. Ce que j'ignore, c'est que certains d'entre eux sont des rescapés du Vercors, et qu'un maquis s'est reconstitué avec de nouvelles recrues, un peu au nord de Saint-Michel-sur-Savasse, renforcé par un réseau de soutien de la population. Lorsqu'on repart avec Léonce, j'ai bu trois verres et je chaloupe. Avant que nous n'arrivions devant la ferme, il m'annonce qu'il sera absent quelques jours.

Si j'ai bien compris, je vais rester seul avec Henriette Cousin, et ça me dégrise immédiatement. Comme toujours, je me ronge les ongles et le moral. M'enfuir comme un voleur ? Je rassemble les chèvres avec l'idée absurde de les emmener à Romans. J'imagine la tête de ma mère et l'encombrement de l'escalier, ce qui tout de même me fait rire ! Je remercierai ces bêtes, pas si bêtes, de me permettre de ne pas passer la journée en tête à tête avec la patronne, et me promets de ne pas être vulnérable. J'embarque un calendrier cartonné de la Poste derrière lequel il y a une carte de France, je coche dessus, pareilles à des reliques, toutes les villes redevenues libres, Alençon, Vannes, Falaise, Quimper, Rennes, Le Mans, Brive, Chartres et maintenant Draguignan.

Lorsque je reviens de mes périples et que la patronne a stocké le lait des chèvres, on mange, ou plutôt, coudes sur la nappe, elle me regarde manger. Je lui demande si M. Léonce a donné des nouvelles, elle me répond « Non ». Elle m'informe que la boulangère qui croyait son fils résistant disparu sinon mort a été rassurée, il est vivant. Que ce soit elle qui me le rapporte me choque. Je me trouble encore plus lorsqu'elle suggère que ce dimanche nous allions ensemble lui dire bonjour, à cette idée mon sang se glace, être à ses côtés m'est inconcevable. À mon regard elle se ferme à son tour, puis sourit, ce n'était qu'une idée. Comme je n'ai rien à lui dire, quand elle revient avec deux tasses de tisane de chèvrefeuille, pour éviter toute hostilité, je fais l'éloge du cheptel de ses chèvres. Elle me raconte qu'elle aussi les a gardées quand elle était toute jeune et que son père était vivant. Pour la première fois j'imagine sa vie d'enfant qui en naissant n'a pas connu sa mère. Elle évoque le rôle de sa nourrice, mère de substitution, me confie très rapidement que son père a disparu à Verdun, au début de l'autre guerre, et qu'elle est restée seule à seize ans, le même âge que le mien aujourd'hui. Elle se lève, m'empêche de retirer les couverts, débarrasse la table elle-même, et lorsque Henriette Cousin revient de la cuisine, sans que je le lui demande, comme si elle estimait nécessaire d'apporter une précision : « Quant à Léonce, il était ouvrier agricole chez nous, il avait vingt ans, et on s'est très bien entendus. » Elle s'arrête là, me contemple et remonte vers sa chambre, me laissant méditer sur cet aperçu de biographie intime et sociale.

Cette journée est plutôt particulière, changement de programme, les chèvres n'iront pas au bois comme d'habitude. Un véhicule apparaît et manœuvre pour s'arrêter juste devant la porte de l'étable. Chacune des pensionnaires est poliment invitée à grimper dans la camionnette. Ce n'est pas simple, elles n'aiment guère être commandées, encore moins forcées, mais à quatre, le conducteur, celui qui l'accompagne, ma patronne et moi, on y parvient. Alléluia nous aide. Ces demoiselles doivent rencontrer le bouc. Henriette me glisse d'une voix tout informative : « Tu verras, c'est très instructif. » Parvenues dans une autre ferme, près du village de La Chalaye, les chèvres resteront en vase clos dans un pré où le mâle les attend. Il est assez majestueux, barbu, de grandes cornes en spirale et une odeur lourde. Toutes les précautions ont été prises pour les saillies. Elles sont livrées par groupes de trois ou quatre. Je masque mon dégoût de l'acte mécanique et de l'introduction du « zinzin », ce n'est pas très romantique. En une journée, il honore toutes ses partenaires. Nous nous mettons à part, Alléluia et moi, je le regarde, il me fait un sourire ironique, du moins c'est ce que je crois comprendre.

Quarante-huit heures plus tard, collé à Radio Londres, j'écoute, fiévreux et absorbé. Henriette Cousin ne m'en empêche pas, à dire vrai. Elle écoute elle aussi. La révolte de la population parisienne vient d'éclater : la nouvelle me bouleverse. La Résistance attaque ouvertement les troupes allemandes. On se bat dans la plupart des arrondissements et j'imagine tout de suite Belleville, Ménilmontant. Je songe à mon quartier, à une barricade peut-être rue François-Miron, à l'hôtel de ville désormais libéré et au drapeau sacrilège arraché et piétiné. À regret, frustré, je rejoins le troupeau. Avec les chèvres je n'ai jamais été aussi lent, je marche à petits pas, elles peuvent aller où elles veulent, je crois que j'ai cessé d'être là. Le lendemain j'annonce à ma patronne que je descends à Romans pour voir ma mère. Elle acquiesce : « Je m'occuperai des chèvres moi-même. » On ne se précise rien de plus, si je m'en vais définitivement, si je reviens, en tout cas je laisse mes affaires. Au réveil, elle part avec les chèvres, moi avec l'autocar.

DÉBUT DE LA FIN

Au début, le sillon de la route ne pose aucun problème, le conducteur du car, qui commence à me connaître, laisse entendre que d'ici huit jours le transport sera compliqué. Nous ne sommes pas bien nombreux, mon esprit est ailleurs, à Paris qui sent la poudre. J'ai hâte de partager ce qui s'y passe avec ma mère, d'envisager un début de dispositions à prendre. À l'arrêt de Geyssans, un couple qui monte dans le car déclare que ça semble se gâter à Romans. Plusieurs voitures nous croisent, klaxonnent. À force, notre conducteur finit par s'arrêter, palabre avec deux automobilistes et nous annonce en remontant qu'il n'ira pas plus loin. On ne peut plus entrer dans Romans. Si on le désire, il nous ramène d'où l'on vient. Je sursaute à ce chambardement. Tous l'acceptent sauf moi. L'autocar fait marche arrière, disparaît. J'ai sept kilomètres devant moi.

À part une charrette, un tandem, des vaches compréhensives qui hochent la tête, les véhicules venant de Romans se sont raréfiés. Un panonceau indique Les Fayolles, où je me désaltère à l'eau fraîche d'une fontaine et reprends le chemin de la départementale. Le parcours sevré de circulation me trouble, et je fais la seconde partie du trajet sous un soleil de plomb, en sueur. Parvenu à Génissieux, qui grouille de monde, surtout à l'approche du passage à niveau, à la lisière nord de Romans, un contrôle inattendu entrave mon chemin. Des gens attendent assis sur des bancs de fortune, d'autres, comme moi, désirent continuer vers Romans qui est à portée de main. Beaucoup plus nombreux sont ceux qui souhaitent en sortir.

Des deux côtés de la voie ferrée, je m'étonne, je ne vois ni Allemands, ni miliciens, ni garde-barrière, pourtant certains portent des ceinturons et sont armés de fusils. Le groupe est hétéroclite. Certains sont en vareuses, ce sont en majorité des cheminots, les autres je ne peux le dire, de vieux et jeunes civils qui arborent des brassards et extraient des caisses d'un wagon à l'arrêt, des munitions peut-être. Ceux qui veulent quitter Romans, malgré leurs protestations, n'ont aucune chance. Pour ceux qui veulent entrer, c'est au compte-gouttes. Devant une table, ils sont deux à nous filtrer, je tends mon certificat de travail, ma carte d'identité – merci, Marence ! On m'interroge, je dis que c'est pour voir ma mère. Et qu'est-ce qu'elle fait ? J'explique qu'elle est infirmière et travaille à l'hôpital. Et pourquoi je viens ? Une voix derrière moi tranche : « Laissez-le passer, je le connais. » C'est l'homme, le grand avec son imper qui descend aux chevilles. Nous avions bu ensemble à Saint-Michel le jour du Débarquement. Il donne l'impression d'être le chef. Je le salue du regard, il a un sourire bref, essuie ses lunettes et m'avise sérieusement de ne pas trop m'attarder dans les rues, c'est inutile. Il m'a vouvoyé, c'est ce qui me frappe. Vingt-cinq minutes plus tard je pénètre dans Romans-sur-Isère. Pour éviter le centre, je tente de passer par le haut de la ville.

Subitement, vers la place Cigalière, entre deux ruelles, au sortir d'un carrefour, roulant à toute allure, déboule une camionnette bardée de drapeaux bleu-blanc-rouge, à son bord de très jeunes gens brandissent des fusils. Je ne sais s'ils chantent ou hurlent leur joie, c'est tellement irréel que sur l'instant je n'arrive pas à en admettre l'évidence. Il faut une deuxième camionnette pour que j'envisage qu'en effet des maquisards se sont introduits dans la ville. Cette deuxième camionnette, semblable à la précédente, comporte en plus des fanions rouges. Ses occupants sont cette fois en position de tir, avec leurs armes. L'un des passagers harangue les passants avec un mégaphone à mesure qu'ils s'éloignent, ce qui rend leur message incompréhensible. Ambiance de kermesse et uniformes disparates, j'essaie de suivre le conseil qui m'a été donné au passage à niveau.

C'est clair, Romans est infiltrée par la Résistance. Une armée secrète en plein jour qui avance tout en se protégeant, suivant ses plans, une pensée militaire stratégique pour prendre la ville par surprise. Je les trouve audacieux, mais où sont passés les Allemands ? Ils ont dû en partie rejoindre Valence ou Montélimar pour défendre leurs places fortes. Les résistants en profitent. Vision fugitive de piétons plantés sur place, des groupes se rassemblent et lèvent leurs poings pour saluer les maquisards, d'autres foutent le camp. Une pétarade crée un début de panique, des gens courent, je cours aussi, vite. Les militaires allemands assaillis ripostent. J'ai plus l'impression d'un film que d'une réalité. En plus je me perds, je ne veux pas m'attarder, je veux voir ma mère avant tout.

Je croyais la trouver radieuse et ce n'est pas le cas. On dirait qu'elle et ma sœur viennent de se disputer. À peine ai-je ouvert la porte que je suis pris pour arbitre. Elle interdit à ma sœur de sortir. Je lui donne raison et du coup m'enferme de moi-même. Elle trouve ma venue risquée, j'aurai dû attendre deux-trois jours. Je lui parle des événements de Paris, des combats dans les rues, et sans doute de sa libération, elle me répond que ce n'est pas pour ça qu'elle aurait pris le train tout de suite. Puis elle me prend dans ses bras et me dit : « Tu repartiras demain matin. » Je lui explique que je ne peux pas garantir de retourner à Saint-Michel, la circulation étant interdite. Que se passe-t-il à Romans ? Je veux savoir. Jeanne me dit qu'il y a eu beaucoup de détonations, surtout du côté de la caserne et du garage municipal. Ma mère pense que les Allemands sont encore maîtres de la ville. Elle me sidère en affirmant qu'elle ne croira à la libération de Romans que lorsque les Américains arriveront. Quelques tirs se font entendre, comme un sous-titre. Elle prépare une soupe froide, des carottes râpées et répartit deux poires entre nous. Je dors par terre, je fais un cauchemar dans lequel je suis juché sur un vieil âne qui braie et refuse d'avancer vers Romans, aveuglé par des phares en sens unique.

Le vœu de ma mère s'est réalisé, des unités américaines font leur apparition dans le paysage de Romans-sur-Isère. Inattendues, elles arrivent directement de Grenoble d'où elles ont chassé les Allemands, et ne font que traverser la ville puisqu'elle s'est libérée toute seule. Une vague de délire s'empare de la population. Tout Romans est dehors. L'Armée secrète, les Forces françaises de l'Intérieur, les Francs-tireurs et Partisans – les FFI et les FTP, comme on dit – défilent, c'est la revanche du maquis du Vercors. Je suis surpris de voir des Sénégalais aux uniformes impeccables parmi eux. La présence de blindés américains provoque une frénésie sans nom. Ils doivent repartir et ne vont pas tarder. Des drapeaux tricolores et alliés pavoisent à toutes les fenêtres, à croire qu'ils étaient cachés sous les matelas depuis 1944. Jeanne et moi avons obtenu le droit de sortir à condition de rentrer à 18 h 30. Ma sœur a préféré rejoindre Mlle Giraudier, dont je sais maintenant qu'elle est une grande résistante, une vraie. Ce n'est pas forcément le cas de tous dans cette foule exaltée, unanime, même si aujourd'hui, dans sa spontanéité, elle est enthousiaste.

Près de moi, une femme aux cheveux blancs, complètement bouleversée, avec un de ces regards comme lorsqu'on ne croit pas à ce qu'on voit. Une autre, en larmes, tend son enfant aux libérateurs, des jeunes filles montent à l'assaut des chars américains, un vieil homme lève son chapeau et claque des talons. Applaudissements, hurlements, cris, adolescents qui se tiennent par les bras, chants braillés : « Le jour de gloire est arrivé. » Bien sûr, je suis enthousiaste, secoué, mais j'éprouve une sorte de migraine : je sors du calme des campagnes et dans le brouhaha je me trouve curieusement décalé. Serait-ce que je ne me sente pas de Romans ? Oui et non. J'ai du mal à être au diapason. J'ai amassé trop de soupirs et de pérégrinations, une dissonance faite de malaise est ancrée en moi. Je m'en veux de cette difficulté à participer à la liesse générale. Avec cette libération de Romans je devrais croire la guerre terminée, comme un film qui finirait bien. Non, je n'ai pas gagné la guerre. Pas encore. Je quitte la foule, me sauve en reprenant mon souffle rue de Clérieux. Où que je sois, je suis une ombre de cette guerre qui m'entame depuis quatre ans. C'est elle qui a gagné.

Le lendemain – chaque jour est un lendemain, et particulièrement aujourd'hui –, j'aimerais parler à mon voisin, M. Sanglier ; il n'est pas libre. Pour l'instant, il est pris tous les lendemains. Je sais que c'est un combattant secret, un FTP, et qu'il me ramènera à des idées moins embrouillées. Je le croise de justesse, il est au troisième étage, penché vers moi dans la cage d'escalier, il a une vareuse kaki, se coiffe d'un calot pour me faire rire. Il a un sourire radieux et quand de mon étage je lui demande à quel moment on pourrait se dire bonjour, il me répond : « Là je vais à la mairie, on forme notre comité local de libération, on se parlera demain. Promis. » Et il me fait un grand « V » avec le majeur et l'index. Je l'imite.

Le lendemain suivant j'achète *Les Allobroges*, un nouveau journal de la Résistance, dans la librairie de la rue Saint-Nicolas. J'ai un sentiment de fraîcheur totale, un journal – toute ma vie je serai attaché aux journaux –, c'est un organe de liberté et de santé quand il joue son vrai rôle. Un éditorial proclame qu'il sort enfin de la clandestinité, il n'est pas asservi, il parle pour ceux qui se sont battus ou ont donné leur vie, il parle au nom de tous les chantiers de l'avenir. Il m'annonce que la deuxième division blindée du général Leclerc est entrée dans la capitale jusqu'à l'hôtel de ville. Il m'informe de la capitulation du général allemand Von Choltitz et que toutes les cloches de Paris ont sonné en pleine nuit la victoire de l'insurrection. Le journal me fait savoir aussi que l'armée soviétique vient de pénétrer sur le territoire du IIIe Reich. Lire et relire *Les Allobroges* paru au matin du 26 août 1944 est un bonheur.

Un premier jour d'indépendance est une chose étrange. Je ne suis pas sûr de savoir m'en servir. Est-ce que ça s'apprend ? J'hésite entre l'utile et le libre choix. Je vais à la Croix-Rouge pour des bons de pain et de viande, et j'effectue une grande promenade à Bourg-de-Péage. Vu de l'autre côté, Romans-sur-Isère est un tout autre paysage, vision curieuse de deux Romans l'un au-dessus de l'autre. Sur la place centrale de Bourg-de-Péage j'ai franchi le seuil d'un salon de coiffure, j'en avais bien besoin. Le coiffeur s'exclame : « Que de mini-brindilles cachées dans vos cheveux ! » Tout ce qu'il élimine rajeunit mon visage, pourtant j'ai du poil au menton, ce qui m'ennuie et me fait sourire. Je me contemple dans le miroir, est-ce parce que les cloches ont sonné que je les entends à nouveau ? C'est mon père qui un instant surgit en surimpression, avec sa barbe de crème à raser, comme au jour de la déclaration de guerre, et maintenant on n'est pas loin de la fin. Mais, lui, où est-il ? Les miroirs ne répondent jamais. Ils nous interrogent.

Je me dis que ce serait bien que je joigne Léonce Cousin. Il faudrait que je puisse aller le voir demain pour reprendre mes affaires, que je les quitte correctement, Henriette et lui, et que je lance un os libéré à mon ami Alléluia. Je souhaite surtout récupérer mon cahier. Je songe pour la première fois à la rue François-Miron, à mon école du Grenier-sur-l'Eau. Et, transporté, j'écoute le reportage de Charles de Gaulle à Paris qui remonte les Champs-Élysées vers l'Arc de triomphe : « Paris/Paris Outragé/Paris Brisé/Paris Martyrisé/Paris Libéré ! » Je m'endors avec cette voix inspirée, lyrique et hachurée qui pourrait être celle de Don Quichotte. Et soudain je me réveille, j'ai cru entendre des détonations. Encore un de mes songes.

Non, ce n'est pas un songe, mais un cauchemar : un dimanche incompréhensible et abracadabrant que je ne suis pas près d'oublier. J'entends vraiment des tirs violents accompagnés de sifflements, je ne suis plus seul, ma mère et ma sœur sont réveillées et blêmes. Ida, qui nous a rejoints la veille, n'en finit pas de gémir, je m'en prends à elle. Bruits de mortiers, d'éclats de mitraillettes, lueurs derrière les vitres. La nuit s'est estompée comme si elle avait obéi à un ordre, la maison tremble sur une déflagration. Profitant d'une brève accalmie, je me glisse vers la fenêtre, suivi de ma sœur, ma mère la repousse sans ménagement vers l'arrière, marmonnant des mots dont je détache celui de « viol ».

Ce que je vois me saisit, un de ces arrêts sur image qui désormais restera dans ma rétine. Sur la chaussée relativement large, un jeune soldat, à peine sorti de l'adolescence, l'uniforme verdâtre, la veste ouverte, la chevelure décoiffée et blonde, très beau, sur le qui-vive, tient à lui seul la rue, le bras gauche refermé sur une miche de pain et le bras droit déployé, une grenade à la main. À lui tout seul il est l'Allemagne, son désespoir mortel et son arrogance. Il a tout du vainqueur. Je ne peux en détacher mon regard. Il me semble qu'il m'entrevoit une demi-seconde, puis il reprend sa marche, tandis que ma mère m'arrache de la fenêtre et que l'on n'entend plus que le bruit du raclement des chenillettes sur le pavé de la rue de Clérieux.

La grotte

La vie est un livre invisible. La malédiction est de retour, le drame du Vercors recommence. Tous les fantômes chassés dans l'euphorie de la veille, les voici de retour en uniformes. L'armée allemande est en pleine reconquête de Romans-sur-Isère. Croire à l'espoir était-il si chimérique ? Être délivrés puis anéantis, qu'y a-t-il de pire ? Accablés, effondrés, la pensée anesthésiée, à la merci d'une sanction inévitable, nous avons fait semblant de déjeuner, sans appétit aucun, sans paroles inutiles, attendant on ne sait quoi. Sans doute l'abîme.

L'épilogue intervient brusquement. Fuite nocturne. Est-ce une estafette de Mademoiselle ou l'initiative du couple Sanglier ? Un inconnu fait le guet dehors. La douceur amollissante du climat me prend à la gorge, comme s'il n'y avait d'espace que pour quelques instants. Puis nous rampons à l'aveuglette, en cohorte échelonnée, suivant un chemin de halage qui longe l'Isère, allongeant le pas, tapis au sol, nous relevant, courant au rythme de qui nous précède, pour finalement, après un tournant, nous retrouver projetés les uns derrière les autres dans une grotte béante et ténébreuse. Nous sommes sortis de la nuit pour entrer dans une nouvelle nuit.

Dans l'obscurité totale, d'autres réfugiés sont déjà installés. Au prix de quelques protestations chuchotées dans un tunnel où l'on se heurte sans se connaître, avec Jeanne, Ida et ma mère, finalement nous nous tassons, on ne sait pas où et avec qui, comme si nous étions entourés de la même bouée. Une odeur âcre de renfermé, d'air raréfié dans laquelle une voix masculine, celui qui nous a conduits ici, nous interpelle à voix basse, expliquant en trois mots la situation, recommandant le mutisme, précisant qu'il reviendra pour nous donner d'autres nouvelles, d'autres consignes. Il disparaît, nous ne le reverrons jamais. Nous sommes là pour l'éternité. Ma mère a sorti une couverture pour nous quatre. Dans ce magma noir, qui dort plus qu'un autre a de la chance. À l'aube nous nous découvrons ensemble. Nous sommes une vingtaine, dont six enfants, naufragés d'un navire échoué qui s'appelait Liberté, et nous ne comprenons pas sur quel récif nous survivons.

Dans tout groupe, un meneur se détache, là c'est une femme, une prof je crois. Elle a pris la parole, et d'instinct nous l'acceptons, elle édicte des principes simples : chacun disposera pour son dos d'un mètre du mur qui nous cerne, un angle un peu à l'écart servira de tinette et nous envisageons du sable pour recouvrir les déchets. En priorité absolue, pour éviter qu'on ne discerne notre présence, il nous faut tracer une limite précise avec des cailloux. Je m'en charge, j'ai été à bonne école avec Madeleine Monnier. Pour le reste, nous savons que se taire est salutaire. Quant aux victuailles, ceux qui en ont apporté doivent les faire durer, en partageant selon leur éthique, les enfants avant les adultes.

Une tanière est une protection mais aussi un piège : nous cherchons des zones de clarté et de respiration, une anfractuosité avec des trouées d'air. L'imprégnation du salpêtre est forte. La journée est très longue, le plus pénible est la faim. Dès le second jour, la soif l'est encore plus. Une habitante voisine et sa fille sont venues avant le lever du troisième jour nous apporter une bonbonne d'eau, deux litres de lait, trois miches de pain et un zeste de lumière avec deux lampes de poche. Nous ne savons comment les remercier. Elles nous apprennent qu'il y a un tank au-dessus de nos têtes, elles ne peuvent donc nous assurer qu'elles reviendront, et nous affirment que l'armée du général de Lattre de Tassigny vient de libérer Marseille, que les Américains contournent Valence et, pensent-elles, ont commencé à encercler Romans et Bourg-de-Péage.

Des rats viennent nous rendre visite. Nous sommes sur leur territoire. Je me souviens de l'un d'eux, près de mon genou. Il devait me regarder dormir, mais une fois réveillé je n'ai pas bougé, nous nous sommes observés. Je contemplais le rat pelé gris-blanc, qui lui aussi me contemplait, il ne cillait pas, je l'ai trouvé civilisé, et sans se presser il est parti tranquillement. Ma maman, toute sensible, est sur le qui-vive, craignant à chaque instant que je ne sorte, et certaine, au moindre bruit à l'extérieur, de l'arrivée imminente des

Allemands. J'ai ma propre hantise que je ne lui communique pas : s'ils nous repéraient, ils nous enfumeraient. Ma tante, son sac immuablement collé sur la poitrine, ne quitte jamais sa place. Ma sœur Jeanne est parfaite, elle s'occupe des enfants. Depuis le deuxième jour, même si ça ne sert pas à grand-chose, nous formons un petit comité avec la professeur de mathématiques, un ancien chanteur et une photographe. La déprime et le pessimisme s'abattant sur la caverne, notre rôle est simple : avoir les yeux partout pour que rien ne nous échappe, empêcher les bisbilles, intervenir à chaque difficulté. Je pense que si ça devait durer, d'ici peu, l'un de nous risque de mourir.

Troisième nuit, sans eau ni nourriture, lumière interdite, dans les relents de la proximité et de la puanteur. Malades d'appréhension, nous sommes de plus en plus atones. Dans la somnolence diurne, en boucle, je ressasse la même vision, le soldat blond entré dans Romans dégoupillant une grenade et la lançant dans la grotte, les dents de la caverne nous mastiquant ensuite. Par crainte de ne pas me réveiller, je m'accroche aux suffixes en « ime », comme « abîme », « crime », « victime ». Hélas, je suis sans cahier, la photographe déchire une feuille et ajoute « légitime » et « intime ». La prof de maths me parle de son petit-fils Maxime et ma mère pleure. Je la berce. Je songe aux plus anciens de nos ancêtres astreints à vivre dans leurs cavernes. Je voyage dans l'amalgame. De ces deux époques, quelle est la plus barbare ?

Au quatrième jour de l'apocalypse, nous sommes secoués brutalement, la grotte chancelle ; tous se bouchent les oreilles tant le bruit est infernal. Le jour qui se lève vacille sous les enchaînements d'explosions, de crépitements de dynamite, de déflagrations, de ripostes, de sifflements aériens, d'agitation du fleuve. Faut-il tenter de sortir ou vaut-il mieux se regrouper au fond ? Nous choisissons de rester cachés, sauf le chanteur, figé sur place, qui soudain nous crie, à moitié aphone : « Ils viennent de faire sauter le Pont-Vieux ! »

Qui, « ils » ? Nous percevons des avions mouchards au-dessus du fleuve, sans identifier s'ils sont allemands ou américains. Bruit de canonnade à l'extérieur, une odeur âpre de brûlé se répand. Une heure après, c'est au tour du Pont-Neuf de s'effondrer par blocs entiers dans les flots de l'Isère. Bien qu'éloignées, les convulsions du fleuve nous parviennent et, gonflées de débris, continuent leur chemin fluvial. La prof de maths est atterrée, les deux ponts volent en éclats, c'est sa ville, Bourg-de-Péage, qui s'écroule sous ses yeux. Et peu à peu, pour la première fois depuis notre réveil, le silence laisse place au silence.

Aucun son ne nous parvient de la ville, nos oreilles ont certes été malmenées mais finissent par percevoir le mutisme de Romans, s'en étonner, s'en inquiéter. Que se passe-t-il ? Qu'est-ce que cela signifie ? Toutes les interprétations sont possibles, dont les plus terribles, une population prise en otage dans ses caves, la ville de Romans soumise à la répression, à la terre brûlée en représailles pour avoir voulu s'affranchir. Le temps passe, stérile, et nous sommes au bout du rouleau. Avec un garçon de deux ans de moins que moi mais une tête de plus, nous envisageons d'aller jeter un œil vers la rambarde et d'en revenir au plus vite. Hormis ma mère, tous sont d'accord. À pas de Sioux, nous confondant avec les taillis, évitant les mottes de terre, nous glissons plus que nous ne marchons pour nous immobiliser brusquement devant la vision saisissante, inattendue, d'un tank incendié, le canon pointé vers la grotte. Il continue à brûler, avec son odeur de cendre et de caoutchouc. Ce qui explique la violence des soubresauts subis dans la caverne.

Revenus devant une assemblée divisée – attendre ou en savoir plus –, nous discernons, sur l'autre rive, Bourg-de-Péage en flammes et des civils affairés tout autour. Et instantanément des sirènes se font entendre. Enfin un son humain ! Puis, côté Romans, une vive émotion, le tintement cristallin d'une église comme au sortir d'un rêve. Ce carillon sonne la reprise de la vie. L'angélus irréel délivre les réfugiés des barreaux de sable. Ils reviennent du centre de la terre, chancelants ils oublient qu'ils sont affamés, récupèrent leurs effets, s'étreignent, et déjà les enfants gambadent. En remontant de la grotte vers le quai, je constate avec ma sœur qu'au-dessus de notre cache nous avions pour témoin un pan de rempart du Moyen Âge.

Un attroupement s'est constitué autour du tank et, stupéfaits, nous découvrons une voiture inédite, une « Jeep » comme nous l'entendrons dire. Groggys, déphasés, les emprisonnés de la grotte reçoivent le jour et en supplément inouï des GI américains décontractés, s'affairant avec leurs extincteurs à éteindre le blindé sacrifié par les Allemands en fuite. Sauveteurs et sauvés n'ont pas le temps d'échanger leurs cartes de visite. Les rescapés doivent même reculer pour éviter la puissance des jets d'eau. En quelques secondes, les libérateurs impromptus repartent à la poursuite des anciens occupants de Romans-sur-Isère. Les divisions américaines ont fait sauter les verrous de Montélimar, Tain et Valence. Pénétrant dans une ville tétanisée, ces jeunes gens de Boston, de Los Angeles et d'Oklahoma, ces jeunes gens qui ont franchi l'Atlantique nous rendent à nous-mêmes. Mais dans quel état ? Nous entamons notre marche dans le silence, comme des automates, dans un silence qui n'est pas un silence, plutôt une absence de soi, dans l'aspect mécanique de corps qui avancent, abasourdis et dénués de toute pensée organisée. Ce silence remplace la parole.

Un autre silence nous attend. C'est le choc, le choc ultime, celui qui me fait le plus mal, auquel je n'aurais jamais voulu croire. Tandis que nous étions reclus sous les ogives de la grotte, un de ces obus d'intimidation projetés au hasard vers les résistants et les habitants a traversé le pigeonnier du troisième étage. Alfred Sanglier y était pour se réfugier ou prendre la position du tireur, personne ne sait. L'obus ne l'a pas épargné. Il a été tué. Tué en combattant. C'était le lendemain, un lendemain qui n'en aura plus. Je regarde le corps silencieux et abîmé de Sanglier. À force de le fixer, j'ai la sensation qu'il est vivant et qu'il va éclater de rire. Un corps est toujours vivant, c'est juste un piano qui se tait. On peut lui parler, s'asseoir à ses côtés, lui rappeler sa partition. Le lien continue d'exister. Ce n'est qu'une fois le cercueil scellé, la tombe refermée, hors de tout regard, qu'il entre dans le monde des disparus. J'aimais cet homme, sa sollicitude, sa verve naturelle. Il me donnait sa protection. Je ne le connaissais pas, n'usais pas de son prénom. Il était Sanglier, sans prénom, et ça lui plaisait, il m'appelait « Marence », « Sanglier et Marence ». Couché, il ressemble un peu à un acteur de cinéma que j'apprécie, Raymond Bussière. Il va cligner de l'œil, c'est certain. Mourir entre deux libérations de Romans-sur-Isère, quelle farce ultime ! C'est deuil autour de la veuve, Stéphanie Sanglier, toute pâle dans une simple robe noire, digne et immobile. C'est deuil à la Parvigne, leur quartier de toujours, et ce sont mes premières funérailles de cette guerre. C'était un homme de l'ombre, un franc-tireur du bonheur de vivre qui entre dans une clandestinité définitive.

La suite des événements a été rapide et m'a pourtant pris du temps. Je me suis occupé des papiers, ai contacté des associations de réfugiés, puis j'ai trouvé normal de retourner voir les Cousin, cette fois accompagné de ma mère. Je savais que c'était la dernière fois. À ma grande surprise, le courant est passé rapidement entre ma mère et le patron : normal, ils parlaient de moi. Il lui disait mon sérieux, ma réputation, que j'étais fait pour m'entendre avec des chèvres et que l'on m'appelait « le petit général ». Il aurait mieux fait de se taire, pendant près de vingt ans, j'ai entendu ma mère m'interpeller : « Tu es peut-être un général, mais pas pour gagner ta vie ! » Mme Cousin a préparé des biscuits, de la confiture, même du thé, c'était délicat de sa part. Elle était fière d'avoir eu « un réfugié comme Gabriel ». J'étais maintenant sa médaille.

J'ai voulu dire au revoir à mes chèvres : le trio inséparable et dominant, la vénérable aïeule, la teigneuse qui ne craignait pas d'en découdre avec Alléluia, celle qui n'avait qu'une corne, la daltonienne, peut-être la seule qui m'ait reconnu – avec deux yeux différents, c'est plus facile ! Le patron a signé mon certificat d'apprenti, je l'ai toujours dans mes papiers. Le seul attristé était le chien, la tête sur mes genoux il devinait qu'il sortait de ma vie, et le caressant j'en souffrais aussi. J'ai voulu récupérer mon cahier dans les bois, il était trop tard et j'y ai renoncé. A-t-il disparu, résisté à la pluie, au verglas, aux fourmis, aux souvenirs ? Avant de prendre le car, je suis allé saluer la boulangère, ravie de me voir et de me présenter son fils, qui, de retour du Vercors, avait repris le fournil. C'est curieux, j'étais persuadé de n'écrire que cinq ou six pages sur Saint-Michel-sur-Savasse et j'en ai écrit plus d'une cinquantaine. M. Léonce nous accompagne jusqu'à l'arrêt du car. Avant d'y monter, une vraie et sincère accolade entre nous, un adieu à ce qui deviendra désormais le passé. L'autocar de la route départementale 52 démarre vers l'avenir. Par la vitre arrière, le regard déchiré, j'aperçois Alléluia courant comme un dératé après le car, et sa tache blanche s'amenuiser et disparaître de ma vue.

Nous allons revenir à Paris. Je m'appelle toujours Marence. Ce n'est qu'à la préfecture de police que je retrouverai mon nom. Nous sommes hébergés à Villeurbanne par la famille Herlic. Beaucoup de ponts ont été détruits. Les chemins de fer ne peuvent franchir certains fleuves. À Nevers ou Auxerre, je me souviens d'une passerelle interminable au-dessus de la Loire. Je tricote les quelques derniers mots de la survie, *cailloux-caillots-cahier-chaos*. Mon esprit pèle comme un oignon. Je ne sais pas si je sors d'une école buissonnière ou d'un cauchemar. Trop tôt pour le travail de l'oubli. J'attends l'heure où le sourire reviendra. Multiples coups de fil. À part cousine Sarah, sortie de la nuit, personne. L'avenir ? Absence totale d'idée. Ma mère a gardé la clef de la rue François-Miron, c'est tout ce que je sais. Une loi vient d'être édictée par le gouvernement provisoire de la République : désormais, les femmes ont le droit de vote. À Lyon, j'ai vu un superbe film américain qui a pour titre *Laura*, avec une actrice d'une beauté à couper le souffle, Gene Tierney. Ma valise est prête, nous sommes en octobre 1944, la guerre n'est pas terminée.

TABLE

DU MÊME AUTEUR

Le Rire du fou, Christian Bourgois, 1976.

Tulipe ou la Protestation (adaptation d'après la correspondance Louis Jouvet/Romain Gary et *Tulipe*, le roman de Romain Gary), Gallimard, 2007.

L'Ange divulgué, Archimbaud Éditeur, 2008.

Froissé émotif, Archimbaud Éditeur, 2010.

Séisme, Archimbaud Éditeur, 2012.

Esquisse pour une préhistoire (inclus *Protagoniste*), Archimbaud Éditeur, 2013.

Cet ouvrage a été mis en page par IGS-CP
à L'Isle-d'Espagnac (16)

CET OUVRAGE
A ÉTÉ ACHEVÉ D'IMPRIMER
SUR ROTO-PAGE
PAR L'IMPRIMERIE FLOCH
À MAYENNE EN DÉCEMBRE 2013

N° d'édition : L.01ELJN000573.N001. N° d'impression : 86005
Dépôt légal : janvier 2014
Imprimé en France